高等职业教育系列教材

G120 变频器技术及应用

主　编　侍寿永　王　玲

参　编　周　奎　秦德良　侍泽逸

主　审　成建生

U0331556

机 械 工 业 出 版 社

本书主要介绍西门子 G120 变频器的基础知识及工程应用，通过大量实例和案例比较详尽地介绍了 G120 变频器的面板操作、软件（STARTER 和 Startdrive）操作、数字量输入/输出、模拟量输入/输出、多种通信方式等相关知识，且在多个案例中融入"1+X"职业技能等级证书考核有关内容。本书主要配合当前使用最为普遍的 S7-1200 PLC 和 S7-200 SMART PLC 两种机型进行教学内容的编排，且配有多个教学微视频，有助于读者对 G120 变频器相关知识点的理解和掌握。

书中的实例和案例均为变频器在自动化设备中的典型应用，并配有详细的端口连接图、参数设置表、控制程序及调试步骤。本书内容的编排遵守"三易"原则，即易理解、易操作、易实现，旨在激发读者学习热情，帮助读者尽快掌握 G120 变频器的工程应用技术。

本书既可作为职业院校、职业本科院校电气自动化技术、机电一体化技术等相关专业的教材，也可作为相关工程技术人员的培训、自学和参考用书。

本书配有微课视频、电子课件、习题解答等资料，教师可登录 www.cmpedu.com 免费注册，审核通过后下载，或联系编辑索取（微信：13261377872；电话：010-88379739）。

图书在版编目（CIP）数据

G120 变频器技术及应用／侍寿永，王玲主编．
北京：机械工业出版社，2024.7. --（高等职业教育系列教材）.--ISBN 978-7-111-76445-8

Ⅰ．TN773

中国国家版本馆 CIP 数据核字第 2024G3E156 号

机械工业出版社（北京市百万庄大街 22 号　邮政编码 100037）
策划编辑：李文轶　　　　　　责任编辑：李文轶　赵晓峰
责任校对：梁　园　张　薇　　责任印制：郜　敏
北京富资园科技发展有限公司印刷
2025 年 1 月第 1 版第 1 次印刷
184mm×260mm・14.75 印张・380 千字
标准书号：ISBN 978-7-111-76445-8
定价：59.00 元

电话服务　　　　　　　　　　网络服务
客服电话：010-88361066　　　机　工　官　网：www.cmpbook.com
　　　　　010-88379833　　　机　工　官　博：weibo.com/cmp1952
　　　　　010-68326294　　　金　书　网：www.golden-book.com
封底无防伪标均为盗版　　机工教育服务网：www.cmpedu.com

前　言

随着"工业4.0"的提出和制造业的发展，我国需要大批工程技术人才，而高职学生将会是重要的人才来源。一本适用的教材对人才培养起着举足轻重的作用。本书正是根据高职高专人才培养目标，并结合高职学生学情和课程教学改革方向，按照"教、学、做"一体化原则编写而成的。

变频器在自动化设备和智能化生产线中扮演着重要角色，是工业制造业中不可或缺的生产设备。西门子公司的G120系列变频器目前在国内得到较为广泛的应用，是MM4系列变频器的更新换代产品，继承了MM4系列变频器的诸多优点并进行了功能升级，因此，在工业生产中必将发挥更重要的作用，也是高校自动化类实验实训室组建或功能升级的首选产品。

编者结合自动化类专业教学经验和工程实践经验，在企业技术人员大力支持下编写了本书，旨在使学生或具有变频器基础知识的工程技术人员通过对本书的学习，能较快地掌握自动化设备及智能生产线中变频器的工程应用技能。

本书共分为6章，较为全面地介绍了G120变频器的组成、调试软件的使用、数字量及模拟量的应用、多种通信方式的使用等相关知识点及技能点。

在第1章中，介绍了G120变频器的基础知识、操作面板的使用、控制单元的接口及连接、调试软件STARTER及Startdrive的基本应用。

在第2章中，介绍了G120变频器的基本操作，包括常用参数、使用面板及调试软件修改参数、变频器的复位及快速调试操作。

在第3章中，介绍了G120变频器的BICO功能、预定义的接口宏、数字量输入/输出典型应用电路的电气连接、参数设置及相关功能调试。

在第4章中，介绍了G120变频器的模拟量输入/输出典型应用电路的电气连接、参数设置及相关功能调试。

在第5章中，介绍了G120变频器与S7-1200 PLC和S7-200 SMART PLC的多种数据通信方式，包括PROFINET通信、PROFIBUS通信、USS通信和Modbus通信。

在第6章中，介绍了主电路的外围常用器件、两种方法实现的恒压供水典型应用案例，以及变频器的故障报警与日常维护。

为了便于教学和自学，并激发读者的学习热情，书中的实例和案例项目均较为简单，且易于操作和实现。为了巩固、提高和检阅读者所学知识，各章均配有习题与思考。

为帮助读者尽快掌握G120变频器相关知识及其应用，本书电子教学资料包中提供了很多微课视频、电子课件、习题解答等，为不具备条件的学生或工程技术人员自学提供方便。这些资源可在机械工业出版社教育服务网（www.cmpedu.com）下载。

本书由江苏电子信息职业学院侍寿永、王玲担任主编，周奎、秦德良、侍泽逸参编，成建生担任主审。侍寿永编写本书的第 2、3、5 章，王玲编写第 1、4 章，周奎、秦德良、侍泽逸共同编写第 6 章，并提供教材素材及案例调试。

本书的编写得到了江苏电子信息职业学院领导的关心和支持，陆成军工程师在本书编写中给予了很多的帮助并提出了很好的建议，同时，淮安中绿园林机械制造有限公司为本书提供了很多优秀的工程案例，在此表示衷心的感谢。

由于编者水平有限，加之时间仓促，书中难免有疏漏之处，恳请读者批评指正。

编　者

目 录 Contents

前言

第 1 章 / 变频器的基础知识及调试软件 ………… 1

1.1 交流电动机的变频调速原理 ……… 1
  1.1.1 交流电动机的工作原理 ………… 1
  1.1.2 交流电动机的调速方法 ………… 6
1.2 变频器简介 ……………………… 9
  1.2.1 变频器的产生与发展 ………… 10
  1.2.2 变频器的分类 ………………… 10
  1.2.3 变频器的工作原理 …………… 11
1.3 G120 变频器的系统构成 ……… 13
  1.3.1 控制单元 ……………………… 13
  1.3.2 功率模块 ……………………… 15
  1.3.3 操作面板 ……………………… 15

1.3.4 G120 外围线路的连接 ………… 22
1.4 G120 变频器的调试软件 ……… 29
  1.4.1 STARTER 调试软件 …………… 29
  1.4.2 Startdrive 调试软件 …………… 30
1.5 案例 1 使用调试软件创建
    项目 ……………………………… 32
  1.5.1 任务导入 ……………………… 32
  1.5.2 任务实施 ……………………… 32
  1.5.3 任务拓展 ……………………… 45
1.6 习题与思考 …………………… 45

第 2 章 / G120 变频器的基本操作 ………… 46

2.1 常用参数 ……………………… 46
  2.1.1 复位参数 ……………………… 46
  2.1.2 快速调试参数 ………………… 46
  2.1.3 接口宏参数 …………………… 47
  2.1.4 数字量及模拟量参数 ………… 47
  2.1.5 通信类参数 …………………… 49
2.2 修改参数 ……………………… 50
  2.2.1 使用 BOP-2 修改参数 ……… 50
  2.2.2 使用 IOP-2 修改参数 ………… 53
  2.2.3 使用调试软件修改参数 ……… 55
2.3 案例 2 G120 变频器的参数
    设置 ……………………………… 61
  2.3.1 任务导入 ……………………… 61
  2.3.2 任务实施 ……………………… 61
  2.3.3 任务拓展 ……………………… 62
2.4 使用调试软件恢复出厂设置 … 62

2.4.1 使用 STARTER 调试软件复位 ……… 62
  2.4.2 使用 Startdrive 调试软件复位 ……… 63
2.5 快速调试 ……………………… 65
  2.5.1 使用面板操作进行快速调试 ……… 65
  2.5.2 使用调试软件进行快速调试 ……… 67
2.6 案例 3 面板控制电动机的
    运行 ……………………………… 73
  2.6.1 任务导入 ……………………… 73
  2.6.2 任务实施 ……………………… 73
  2.6.3 任务拓展 ……………………… 74
2.7 案例 4 使用软件在线控制
    电动机的运行 …………………… 74
  2.7.1 任务导入 ……………………… 74
  2.7.2 任务实施 ……………………… 75
  2.7.3 任务拓展 ……………………… 77
2.8 习题与思考 …………………… 78

第3章 G120 变频器的数字量应用 79

3.1 数字量输入 79
3.1.1 BICO 功能 79
3.1.2 预定义接口宏 80
3.1.3 指令源和设定值源 83
3.1.4 数字量输入端子及连接 84
3.1.5 固定频率运行 85
3.1.6 变频器 2/3 线控制 89
3.1.7 电动电位器（MOP）给定 90
3.1.8 本地/远程切换控制 92
3.1.9 停车方式 94
3.1.10 使用调试软件实现
固定速度运行 95
3.2 案例 5 电动机的 7 段速
运行控制 99
3.2.1 任务导入 99
3.2.2 任务实施 99
3.2.3 任务拓展 102
3.2.4 技能认证 102
3.3 数字量输出 104
3.3.1 端子及连接 104
3.3.2 相关参数 104
3.3.3 数字量输出应用 106
3.3.4 使用调试软件修改数字量
输出参数 106
3.4 案例 6 电动机的工变频
切换控制 108
3.4.1 任务导入 108
3.4.2 任务实施 108
3.4.3 任务拓展 110
3.5 习题与思考 110

第4章 G120 变频器的模拟量应用 111

4.1 模拟量输入 111
4.1.1 端子及连接 111
4.1.2 相关参数 111
4.1.3 预定义宏 112
4.1.4 频率给定线 114
4.1.5 死区的设置 118
4.1.6 使用调试软件实现模拟值
给定运行 120
4.2 案例 7 电位器调速的电动机
运行控制 121
4.2.1 任务导入 121
4.2.2 任务实施 121
4.2.3 任务拓展 123
4.2.4 技能认证 123
4.3 模拟量输出 124
4.3.1 端子及连接 124
4.3.2 相关参数 124
4.3.3 使用调试软件修改模拟量
输出参数 126
4.4 案例 8 电动机运行速度的
实时监测 128
4.4.1 任务导入 128
4.4.2 任务实施 128
4.4.3 任务拓展 130
4.5 习题与思考 130

第5章 G120 变频器的网络通信应用 132

5.1 PROFINET 网络通信 132
5.1.1 PROFINET 通信简介 132
5.1.2 SINAMICS 通信报文 133
5.1.3 HMI 与 G120 的直接通信 136

5.1.4　S7-1200 PLC 与 G120 变频器的
　　　　PROFINET 通信 ·············· 147

5.1.5　S7-200 SMART PLC 与 G120 变频器
　　　　的 PROFINET 通信 ············ 150

5.2　案例 9　基于 PROFINET 通信的
　　　电动机运行控制 ·············· 158

　　5.2.1　任务导入 ·············· 158

　　5.2.2　任务实施 ·············· 158

　　5.2.3　任务拓展 ·············· 159

5.3　PROFIBUS 网络通信 ·········· 160

　　5.3.1　PROFIBUS 通信简介 ·········· 160

　　5.3.2　S7-1200 PLC 与 G120 变频器的
　　　　　PROFIBUS-DP 通信 ·········· 160

5.4　USS 网络通信 ·············· 166

　　5.4.1　USS 通信简介 ·············· 166

　　5.4.2　S7-1200 PLC 与 G120 变频器的

USS 通信 ·············· 167

　　5.4.3　S7-200 SMART PLC 与 G120 变频器的
　　　　　USS 通信 ·············· 176

5.5　Modbus 网络通信 ·············· 185

　　5.5.1　Modbus 通信简介 ·············· 185

　　5.5.2　S7-1200 PLC 与 G120 变频器的
　　　　　Modbus 通信 ·············· 188

　　5.5.3　S7-200 SMART PLC 与 G120 变频器的
　　　　　Modbus 通信 ·············· 195

5.6　案例 10　基于 USS 通信的传输
　　　链运行控制 ·············· 200

　　5.6.1　任务导入 ·············· 200

　　5.6.2　任务实施 ·············· 200

　　5.6.3　任务拓展 ·············· 203

5.7　习题与思考 ·············· 203

第 6 章　G120 变频器的工程应用 ·············· 205

6.1　主电路的配线和外围元件 ········ 205

　　6.1.1　主电路的配线 ·············· 205

　　6.1.2　断路器的选用 ·············· 206

　　6.1.3　熔断器的选用 ·············· 207

　　6.1.4　接触器的选用 ·············· 207

6.2　变频器在恒压供水系统中的
　　　应用 ·············· 209

　　6.2.1　变频器实现的恒压供水控制 ········ 209

　　6.2.2　PLC 及变频器共同实现恒压供水
　　　　　控制 ·············· 214

6.3　变频器的故障报警与
　　　日常维护 ·············· 223

　　6.3.1　变频器的故障报警 ·············· 223

　　6.3.2　变频器的日常维护 ·············· 225

6.4　习题与思考 ·············· 226

参考文献 ·············· 227

<table>
<tr><td>第 1 章</td><td>变频器的基础知识及调试软件</td></tr>
</table>

本章重点介绍三相异步电动机的基本组成及工作原理、变频器的产生与发展、变频器的工作原理、G120 变频器的结构与组成、G120 变频器的 STARTER 和 Startdrive 两种调试软件。希望读者通过本章学习能对变频器的基础知识有所了解，并能熟练掌握使用调试软件创建工程项目。

1.1 交流电动机的变频调速原理

电机是电动机和发电机的总称，不过，人们经常说的电机一般指电动机。电动机作为诸多生产设备或机构的动力来源而被广泛应用于多种场合，而三相异步电动机因其结构简单、制造方便、运行可靠、价格低廉和调速方便等一系列优点，在各行各业中应用最为广泛。

1.1.1 交流电动机的工作原理

1. 电动机的组成

三相异步电动机主要由定子和转子组成，定子是静止不动的部分，转子是旋转部分，在定子与转子之间有一定的气隙。三相笼型异步电动机结构如图 1-1 所示。

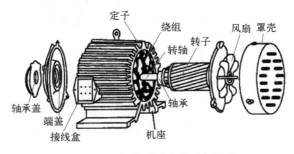

图 1-1　三相笼型异步电动机结构

（1）定子

异步电动机的定子由机座、定子铁心和定子绕组三部分组成。

① 机座

机座的作用主要是固定与支撑定子铁心。它必须具备足够的机械强度和刚度。另外，它也是电动机磁路的一部分。

② 定子铁心

定子铁心是异步电动机磁路的一部分，铁心内圆上有均匀分布的槽，用以嵌放定子绕组。

为降低损耗，定子铁心用 0.5 mm 厚的硅钢片叠压而成，硅钢片的表面涂有绝缘漆。

③ 定子绕组

定子绕组是对称三相绕组，当通入三相交流电时，能产生旋转磁场，并与转子绕组相互作用，实现能量的转换与传递。

（2）转子

异步电动机的转子是电动机的转动部分，由转子铁心、转子绕组及转轴等部件组成，它的作用是带动其他机械设备旋转。

① 转子铁心

转子铁心的作用和定子铁心的作用相同，也是电动机磁路的一部分，在转子铁心外圆均匀地冲有许多槽，用来嵌放转子绕组。转子铁心也是用 0.5 mm 厚的硅钢片叠压而成，整个转子铁心固定在转轴上。

② 转子绕组

三相异步电动机按转子绕组的结构可分为绕线转子和笼型转子两种，较为常用的是三相笼型异步电动机，本书后续章节若无特殊说明则均为三相笼型异步电动机。

（3）气隙

异步电动机的气隙一般为 0.12~2 mm。异步电动机的气隙过大或过小都将对异步电动机的运行产生不良影响。若气隙过大则降低了异步电动机的功率因数；若气隙过小则装配困难，转子还有可能与定子发生机械摩擦。

2. 电动机的铭牌

异步电动机的机座上都有一个铭牌，铭牌上标有型号和各种额定数据。

（1）型号

为了满足工农业生产的不同需要，我国生产多种型号的电动机，每一种型号代表一系列电动机产品。

型号是选用产品名称中最有代表意义的大写拼音字母及阿拉伯数字表示的，如图 1-2 所示，其中：Y 表示异步电动机，若为 R，则代表绕线式；若为 D，则表示多速等。

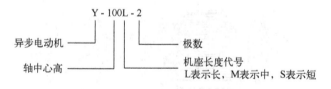

图 1-2 异步电动机的型号含义

（2）额定值

额定值是设计、制造、管理和使用电动机的依据。

- 额定功率 P_N——是指电动机在额定负载运行时，轴上所输出的机械功率，单位是 W 和 kW。
- 额定电压 U_N——是指电动机正常工作时，定子绕组所加的线电压，单位是 V。
- 额定电流 I_N——是指电动机输出功率时，定子绕组允许长期通过的线电流，单位是 A。
- 额定频率 f_N——我国的电网频率为 50 Hz。
- 额定转速 n_N——是指电动机在额定状态下转子的转速，单位是 r/min。
- 绝缘等级——是指电动机所用绝缘材料的等级，它规定了电动机长期使用时的极限温度与温升。温升是绝缘材料允许的温度减去环境温度（标准规定为 40℃）和测温时方法上的误差值（一般为 5℃）。

（3）工作方式

电动机的工作方式分为连续工作制、短时工作制与断续周期工作制三类，选用电动机时，不同工作方式的负载应选用对应工作方式的电动机。

此外，铭牌上还标明绕组的相数与接法（接成丫或△）等。对绕线转子异步电动机，还应标明转子的额定电动势及额定电流。

（4）铭牌举例

在此，以 Y 系列三相异步电动机的铭牌为例，见表 1-1。

表 1-1　三相异步电动机的铭牌

型号	Y90L-4	电压	380 V	接法	丫
功率	1.5 kW	电流	3.7 A	工作方式	连续
转速	1400 r/min	功率因数	0.79	温升	75℃
频率	50 Hz	绝缘等级	B	出厂年月	×年×月
×××电机厂		产品编号		重量	kg

3. 电动机的工作原理

（1）旋转磁场的产生

所谓旋转磁场就是一种极性和大小不变，且以一定转速旋转的磁场。理论分析和实践表明，当对称三相绕组中流过对称三相交流电时会产生旋转磁场。

1）对称三相绕组。

所谓对称三相绕组就是三个外形、尺寸、匝数完全相同、首端彼此互隔 120°、对称地放置到定子槽内的三个独立的绕组。下面以最简单的对称三相绕组为例来进行分析。

按图 1-3 的外形，顺时针方向绕制三个线圈，每个线圈绕 N 匝。它们的首端分别用字母 U1、V1、W1 表示，末端分别用 U2、V2、W2 表示。线圈采用的材料和线径相同。这样，每个线圈呈现的阻抗是相同的。线圈又分别称为 U 相、V 相、W 相绕组。

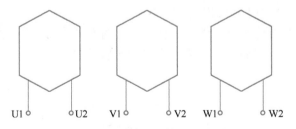

图 1-3　对称三相绕组的线圈

图 1-4a 是对称三相定子绕组的端面布置图。在定子的内圆上均匀地开出 6 个槽，并给每个槽编上序号，将 U1U2 相绕组分别放进 1 号和 4 号槽中；V1V2 相绕组分别放进 3 号和 6 号槽中；W1W2 相绕组分别放进 5 号和 2 号槽中。1、3、5 号槽在定子空间互差 120°，分别放入 U、V、W 相绕组的首端，这样排列的绕组，就是对称三相绕组。

将各相绕组的末端 U2、V2、W2 连接在一起，首端 U1、V1、W1 分别接到三相电源上，可以得到对称三相绕组的丫联结，如图 1-4b 所示。

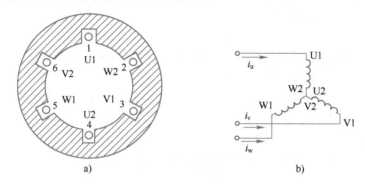

图 1-4　对称三相定子绕组

a）端面布置图　b）丫联结

2）对称三相电流。

由电网提供的三相电压是对称三相电压，由于对称三相绕组组成的三相负载是对称三相负载，每相负载的复阻抗都相等，所以，流过三相绕组的电流也必定是对称三相电流。

对称三相电流的瞬时表达式表示为

$$i_u = I_m \sin \omega t$$
$$i_v = I_m \sin(\omega t - 120°)$$
$$i_w = I_m \sin(\omega t + 120°)$$

对称三相电流的波形如图 1-5 所示。

3）旋转磁场的产生。

由于三相电流随时间的变化是连续的，且极为迅速，为了能考察它所产生的合成磁效应，说明旋转磁场的产生，在此选定 $\omega t = 90°$、$\omega t = 180°$、$\omega t = 240°$ 三个特定瞬间，以窥全貌，如图 1-6 所示。规定：电流为正值时，从每相绕组的首端入、末端出；电流为负值时，从末端入、首端出。用符号"·"表示电流流出，用"×"

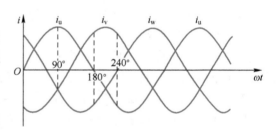

图 1-5　对称三相电流波形图

表示电流流入。由于磁力线是闭合曲线，对它的磁极的性质进行如下假定：磁力线由定子进入转子时，该处的磁场呈现 N 极磁性；反之，则呈现 S 极磁性。

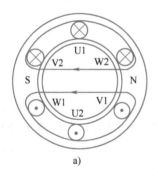
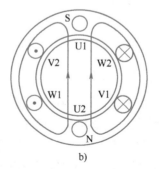
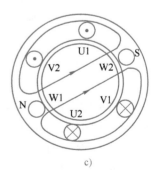

图 1-6　两极旋转磁场的产生

a）$\omega t = 90°$　b）$\omega t = 180°$　c）$\omega t = 240°$

先看 $\omega t = 90°$ 这一瞬间，由电流瞬时表达式和波形图均可看出，此时：$i_u = I_m > 0$，$i_v = i_w = -I_m/2 < 0$，将各相电流方向表示在各相线圈剖面图上，如图 1-6a 所示。从图中可以看出，V2、U1、W2 均为电流流入，W1、U2、V1 均为电流流出。根据右手螺旋定则，它们合成磁场的磁力线方向是由右向左穿过定、转子铁心，是一个二极（一对极）磁场。用同样方法，可画出 $\omega t = 180°$、$\omega t = 240°$ 这两个特定瞬间的电流与磁力线分布情况，分别如图 1-6b 和图 1-6c 所示。

仔细观察图 1-6 就会发现这种情况下建立的合成磁场，既不是静止的，也不是方向交变的，而是如一对磁极在旋转的磁场，且随着三相电流相应的变化，其合成的磁场在空间按 U1→V1→W1 顺序旋转（图中为顺时针方向）。

由上面的分析可得出如下的结论：

当对称三相绕组通入对称三相电流，必然会产生一个大小不变，且在空间以一定的转速不断旋转的旋转磁场。旋转磁场的旋转方向是由通入三相绕组中的电流的相序决定的。当通入对称三相绕组的对称三相电流的相序发生改变时，即将三相电源中的任意两相绕组接线互换，旋转磁场就会改变方向。

旋转磁场转速的大小是多少呢？从图 1-6 所示的情况，可清楚地看出，当三相电流变化一个周期，旋转磁场在空间相应地转过 360°。即电流变化一次，旋转磁场转过一圈。因此可得出：电流每秒钟变化 f 次（即频率），则旋转磁场每秒钟转过 f 转。由此可知，旋转磁场为一对极情况下，其转速 n_0（r/s）与交流电流频率 f 是相等的，即

$$n_0 = f$$

如果将三相绕组按图 1-7 所示排列，U 相绕组分别由两个线圈 1U1-1U2 和 2U1-2U2 串联组成。每个线圈的跨距为 1/4 圆周。用同样的方法将 V 相和 W 相的两个线圈也按此方法串联成 V 相和 W 相绕组。用上述方法决定三相电流所建立的合成磁场，可以发现其仍然是一个旋转磁场。不过磁场的极数变为四个，即为两对磁极，并且当电流变化一次，可以看出旋转磁场仅转过 1/2 转。依此类推，如果将绕组按一定规则排列，可得到 3 对、4 对或 p 对磁极的旋转磁场，并可看出旋转磁场的转速 n_0 与磁极对数 p 之间是一种反比例关系。即具有 p 对极的旋转磁场，电流变化一个周期，磁场转过 $1/p$ 转，它的转速为

$$n_0 = \frac{f}{p} \, (\text{r/s}) = \frac{60f}{p} \, (\text{r/min})$$

用 n_0 表示旋转磁场的这种转速，称为同步转速。

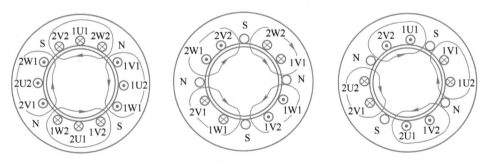

图 1-7　四极旋转磁场示意图

（2）电动机的工作原理

图 1-8 是三相异步电动机的工作原理图。定子上装有对称三相绕组，在圆柱体的转子铁

心上嵌有均匀分布的导条，导条两端分别用铜环把它们连接成一个整体。当定子接通三相电源后，即在定、转子之间的气隙内建立了一同步转速为 n_0 的旋转磁场。

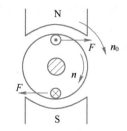

磁场旋转时将切割转子导体，根据电磁感应定律可知，在转子导体中将产生感应电动势，其方向可由右手定则确定。磁场逆时针方向旋转，导体相对磁极为顺时针方向切割磁力线。转子导体感应电动势的方向为进去的，用"×"表示；导体感应电动势的方向为出来的，用"·"表示。因转子绕组是闭合的，导体中有电流，电流方向与电动势相同。载流导体在磁场中要受到电磁力，其方向由左手定则确定，如图1-8所示。这样，在转子导条上形成一个顺时针方向的电磁转矩。于是转子就跟着旋转磁场顺时针方向转动。这样从工作原理看，不难理解三相异步电动机为什么又叫感应电动机了。

图1-8 三相异步电动机的工作原理图

综上所述，三相异步电动机能够转动的必备条件是：一，电动机的定子必须产生一个在空间不断旋转的旋转磁场；二，电动机的转子必须是闭合导体。

（3）转差率

异步电动机中，转子因旋转磁场的电磁感应作用而产生电磁转矩，并在电磁转矩的作用下旋转，那么转子的转速是多少？与旋转磁场的同步转速相比又如何呢？

转子的旋转方向与旋转磁场的转向相同，但转子的转速 n 不能等于旋转磁场的同步转速 n_0，否则磁场与转子之间便无相对运动，转子就不会有感应电动势、电流与电磁转矩，转子也就根本不可能转动了。因此，异步电动机的转子转速 n 总是略小于旋转磁场的同步转速 n_0，即与旋转磁场"异步"地转动，所以称这种电动机为异步电动机。

若三相异步电动机带上机械负载，负载转矩越大，则电动机的异步程度也越大。在分析中，用转差率这个概念来反映异步的程度。n_0 与 n 之差称为转差。转差是异步电动机运行的必要条件。将其与同步转速之比称为转差率，用 s 表示，即

$$s = \frac{n_0 - n}{n_0}$$

转差率是异步电动机的一个基本参数。一般情况下，异步电动机的转差率变化不大，空载转差率在 0.005 以下，满载转差率在 0.02~0.06 之间。可见，额定运行时异步电动机的转子转速非常接近同步转速。

1.1.2　交流电动机的调速方法

在近代工业生产中，为提高生产率和保证产品质量，常要求生产机械能在不同的转速下进行工作。虽然三相异步电动机的调速性能远不如直流电动机，但随着电力电子技术及变频器的发展，交流调速应用日益广泛，在许多领域有取代直流调速系统的趋势。

调速是指在生产机械负载不变的情况下，人为地改变电动机定、转子电路中的有关参数，来实现速度变化的目的。

异步电动机的转速关系式为

$$n = n_0(1-s) = \frac{60f}{p}(1-s)$$

可以看出，异步电动机调速可分以下三大类：

1）改变定子绕组的磁极对数 p——变极调速。

2）改变供电电网的频率 f——变频调速。

3）改变电动机的转差率 s——变转差率调速。此方法又有改变定子电压调速、绕线转子电动机转子串电阻调速和串级调速 3 种。

1. 变极调速

在电源频率不变的条件下，改变电动机的极对数，电动机的同步转速 n_0 就会发生变化，从而改变电动机的转速。若极对数减少一半，同步转速就提高 1 倍，电动机转速也几乎升高 1 倍。T68 卧式镗床主轴电动机的调速方法就是选用双速电动机进行的。

变极一般采用反向变极法，即通过改变定子绕组的接法，使其半相绕组中的电流反向流通，极数就可以改变。这种因极数改变而使其同步转速发生相应变化的电动机，称为多速电动机。其转子均采用笼型转子，因其感应的极数能自动与定子变化的极数相适应。

下面以 U 相绕组为例来说明变极原理。先将其两半相绕组 1U1-1U2 与 2U1-2U2 采用顺向串联，绕组中电流方向如图 1-9 所示。显然，此时产生的定子磁场是 4 极的。

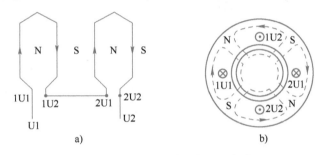

图 1-9　三相四极电动机定子 U 相绕组

a）两绕组顺向串联　b）在绕组中产生的磁场

若将 U 相绕组中的半相绕组 1U1-1U2 反向，再将两绕组串联，如图 1-10a 所示；或将两绕组并联，如图 1-10b 所示。改变接线方法后的电流方向如图 1-10c 所示。显然，此时产生的定子磁场是 2 极的。

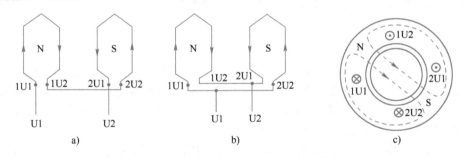

图 1-10　三相二极电动机定子 U 相绕组

a）两绕组反向串联　b）两绕组反向并联　c）在绕组中产生的磁场

多极电动机定子绕组联结方式常用的有两种：一种是从星形改成双星形，写成 Y/YY，如图 1-11 所示。该方法可保持电磁转矩不变，适用于起重机、传输带运输等恒转矩的负载。另一种是从三角形改成双星形，写成 △/YY，如图 1-12 所示。该方法可保持电动机的输出功率基本不变，适用于金属切削机床类的恒功率负载。上述两种接法都可使电动机极数减少一半。注意：在绕组改接时，为了使电动机转向不变，应把绕组的相序改接一下。

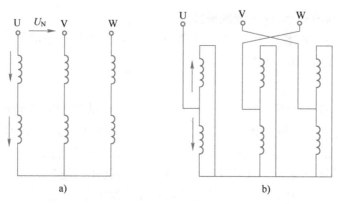

图 1-11 异步电动机丫/丫丫变极调速接线图

a）绕组的丫型接法 b）绕组的丫丫型接法

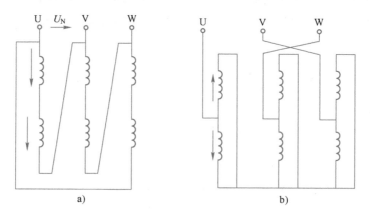

图 1-12 三相异步电动机△/丫丫变极调速图

a）绕组的△联结 b）绕组的丫丫联结

变极调速所需设备简单、体积小、重量轻，具有较硬的机械特性，稳定性好。但这种调速是有级调速，且绕组结构复杂、引出头较多，调速级数少。

2. 变转差率调速

（1）改变定子电压调速

此法适用于笼型异步电动机。对于转子电阻大、机械特性曲线较软的笼型异步电动机，若加在定子绕组上的电压发生改变，则负载转矩对应于不同的电源电压，可获得不同的工作点，从而获得不同的转速。这种电动机的调速范围很宽，缺点是低压时机械特性太软，转速变化大，可采用带速度负反馈的闭环控制系统来解决该问题。

过去都采用定子绕组串电抗器来实现改变电源电压调速，这种方法损耗较大，目前已广泛采用晶闸管交流调压线路来实现。

（2）转子串电阻调速

此法只适用于绕线转子异步电动机。转子所串电阻越大，运行段机械特性的斜率越大，转速下降越厉害。若转速越低，转差率 s 越大，转子损耗就越大。可见低速运行时电动机效率并不高。

转子串电阻调速的优点是方法简单，主要用于中、小容量的绕线转子异步电动机，如桥式起重机等。

（3）串级调速

所谓串级调速，就是在异步电动机的转子回路串入一个对称三相的附加电动势，其频率与转子电动势相同，改变附加电动势的大小和相位，就可以调节电动机的转速。它也是只适用于绕线转子异步电动机。若附加电动势与转子感应电动势相位相反，则转子转矩就减小，使得电动机转速降低，这就是低同步串级调速；若附加电动势与转子感应电动势相位相同，则转子转矩就增大，使得电动机转速升高，这就是超同步串级调速。

串级调速性能比较好，但过去由于附加电动势的获得比较难，长期以来没能得到推广。近年来，随着晶闸管技术的发展，串级调速有了广阔的发展前景。现已日益广泛用于水泵和风机的节能调速，以及不可逆轧钢机、压缩机等很多生产机械。

3. 变频调速

随着晶闸管整流和变频技术的迅速发展，三相异步电动机的变频调速应用日益广泛，有逐步取代直流调速的趋势，主要用于拖动泵类负载，如通风机、水泵等。

从公式 $n_0 = 60f/p$ 可知，在定子绕组极对数一定的情况下，旋转磁场的转速与电源频率 f 成正比，所以连续调节频率就可以平滑调节异步电动机的转速。

在变频调速中，定子电动势方程式：

$$U_1 \approx E_1 = 4.44 f_1 N_1 K \Phi_m$$

式中，U_1 为外加电动机定子绕组的电源相电压；E_1 为异步电动机的一相绕组上的感应电动势；f_1 为外加电源的频率；N_1 为定子一相绕组的匝数；K 为绕组系数；Φ_m 为主磁通。

可以看出，当降低电源频率 f_1 调速时，若电源电压 U_1 不变，则主磁通 Φ_m 将增加，使铁心饱和，从而导致励磁电流和铁损耗的大量增加，电动机温升过高，这是不允许的。因此在变频调速的同时，为保持磁通 Φ_m 不变，就必须降低电源电压，使 U_1/f_1 为常数。另外在变频调速中，为保证电动机的稳定运行，应维持电动机的过载能力不变。

变频调速的主要优点为：

1）能平滑无级调速、调速范围广、效率高。

2）因特性硬度不变，系统稳定性较好。

3）可以通过调频改善起动性能。

变频调速的主要缺点是系统较复杂、成本较高。

1.2 变频器简介

变频器（Variable-Frequency Drive，VFD）是应用变频技术与微电子技术，通过改变电动机工作电源频率方式来控制交流电动机的电力控制设备。简单地说，变频器是利用电力半导体器件的通断作用，把电压和频率固定不变的交流电变换为电压或频率可变的交流电的装置。几款常用变频器的外形如图1-13所示。

图1-13 几款常用变频器的外形

1.2.1 变频器的产生与发展

1. 变频器技术的产生与发展

芬兰瓦萨控制系统有限公司于 1967 年研制出世界上第一台变频器。1968 年，以丹佛斯为代表的高技术企业开始批量化生产变频器，开启了变频器工业化的新时代。20 世纪 80 年代中后期，美、日、德、英等发达国家的 VVVF（Variable Voltage and Variable Frequency）变频器技术及相关产品投入市场，得到了广泛应用。

变频器的控制方式按发展历程可划分为以下几个阶段。

（1）恒压频比控制

恒压频比（U/f）控制就是变频器的输出电压与输出频率成正比例变化的控制，这样就可以使得电动机的磁通保持一定，不会导致弱磁或磁饱和现象的发生。这种调速控制方式出现最早，多用于风机、泵类负载。

（2）矢量控制

20 世纪 70 年代，德国人 F. Blaschke 提出矢量控制模型。矢量控制实现的基本原理是通过测量和控制异步电动机定子电流矢量，根据磁场定向原理分别对异步电动机的励磁电流和转矩电流进行控制，从而达到控制异步电动机转矩的目的。

变频器的矢量控制主要应用在对转矩控制有要求的场合，需要低速大转矩输出的场合，需要在超过额定转速以外的宽调速范围，且要求控制特性良好的场合等。

（3）直接转矩控制

直接转矩控制（Direct Torque Control，DTC）系统是在 20 世纪 80 年代中期发展起来的一种高性能异步电动机变频调速系统，国外也称为直接自控制（Direct Self Control，DSC），其思想是以转矩为中心来进行综合控制，不仅控制转矩，也用于磁链的控制和自控制。

直接转矩控制与矢量控制的区别是，它不是通过控制电流、磁链等量间接控制转矩，而是把转矩直接作为被控量控制，其实质是用空间矢量的分析方法，以定子磁场定向方式，对定子磁链和电磁转矩进行直接控制。这种方法不需要复杂的坐标变换，而是直接在电机定子坐标上计算磁链的模和转矩的大小，并通过磁链和转矩的直接跟踪实现脉宽调制（PWM，Pulse Width Modulation）和系统的高动态性能。

2. 我国变频器技术的发展现状

国内变频调速技术紧跟国外变频器技术的发展步伐。从应用领域来说，国内变频调速技术在近些年得到了较快发展，涉及电子、机械、石化、冶炼、纺织、汽车等多种行业，应用范围已覆盖注塑机、空压机、空调、恒压供水、纺织机械等多种交流电动机设备。

目前，国内已有 200 多家变频器生产企业，如森兰、信捷、汇川、英威腾等国产品牌，其技术水平已接近世界先进水平，但总市场占有额不高，仅为 10% 左右。国内变频器以交流 380 V 及以下的中小型变频器为主，且大部分产品为低压，高压大功率产品较少。

1.2.2 变频器的分类

变频器发展至今，已经有多种适合不同场合和用途的变频器，可以从不同的角度进行分类。

1. 按变换的环节分类

1）交-直-交变频器，即先把工频交流通过整流器变成直流，然后再把直流变换成频率和电压可调的交流，又称间接式变频器，是目前广泛应用的通用型变频器。

2）交-交变频器，即将工频交流直接变换成频率和电压可调的交流，又称直接式变频器。这种类型的变频器主要用于大功率（500 kW 以上）低速交流传动系统中。

2. 按直流电源性质分类

1）电压型变频器，其特点是中间直流环节的储能元件采用大电容，负载的无功功率将由它来缓冲，直流电压比较平稳，直流电源内阻较小，相当于电压源，故称电压型变频器，常被选用于负载电压变化较大的场合。

2）电流型变频器，其特点是中间直流环节采用大电感作为储能环节，缓冲无功功率，即抑制电流的变化，使电压接近正弦波，由于该直流内阻较大，故称电流型变频器。电流型变频器的优点是能抑制负载电流频繁而急剧的变化，常用于负载电流变化较大的场合。

3. 按照控制方式分类

按控制方式可分为 U/f 控制（又称 VVVF 控制）变频器、转差频率控制（又称 SF 控制）变频器、矢量控制（又称 VC 控制）变频器、直接转矩控制变频器等。

4. 按照用途分类

按用途可分为通用变频器、高性能专用变频器、高频变频器、单相变频器和三相变频器等。

5. 按照开关方式分类

按开关方式可分为 PAM 控制变频器、PWM 控制变频器和高载频 PWM 控制变频器等。

6. 按调压方法分类

1）PAM 变频器是通过改变直流侧电压幅值进行调压的，在变频器中逆变器只负责调节输出频率，而输出电压则由相控整流器或直流斩波器通过调节电流进行调节。这种变频器目前使用较少。

2）PWM 变频器根据正弦波频率、幅值和半周期脉冲数，准确计算 PWM 波各脉冲宽度和间隔，以此控制变频电路中开关器件的通断，从而得到所需要的 PWM 波形。目前中小功率的变频器几乎都采用 PWM 技术。

7. 按电压等级分类

1）高压变频器：3 kV、6 kV、10 kV。

2）中压变频器：660 V、1140 V。

3）低压变频器：220 V、380 V。

此外，变频器还可以按主开关元器件分类、按输入电压高低分类、按电压性质分类、按国际区域分类等。

1.2.3　变频器的工作原理

1. 变频器的组成

变频器通常由主电路和控制电路两部分构成，如图 1-14 所示。

（1）主电路

为异步电动机提供调压调频电源的电力变换部分，称为主电路。图 1-15 为典型的电压型逆变器电路，其主电路由三部分构成，将工频电源变换为直流电的整流电路，吸收整流和逆变

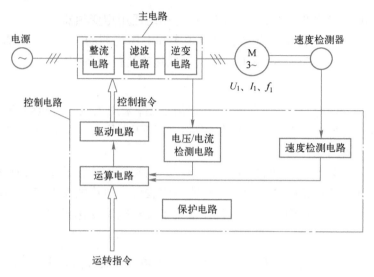

图 1-14　变频器的组成框图

时产生的电压脉动的滤波电路，以及将直流电变换为交流电的逆变电路。另外，异步电动机需要制动时，有时要附加制动电路。

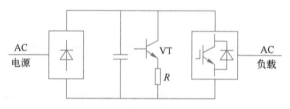

图 1-15　典型的电压型逆变器电路

（2）控制电路

为主电路提供控制信号的回路，称为控制电路，如图 1-14 所示。控制电路由以下电路组成：频率、电压的运算电路，主电路的电压/电流检测电路，电动机的速度检测电路，将运算电路的控制信号进行放大的驱动电路，以及逆变器和电动机的保护电路等。

2. 变频器的工作原理

三相电源或单相电源接入变频器的电源输入端，经二极管整流后变成脉冲的直流电，直流电在电容或电感的滤波作用下变成稳定的直流电，该直流电施加到由 6 个开关器件（如绝缘栅双极型晶体管 IGBT，Insulated Gate Bipolar Transistor）组成的逆变电路，6 个开关器件在控制电路发出的触发脉冲作用下，不同相的上下臂 2 个开关器件导通，从而输出交流电源给负载供电。

通过调节不同相的上下臂 2 个开关器件的触发时刻和导通的时间来改变输出电源的电压和频率大小。其中运算电路是将外部的速度、转矩等指令同检测电路的电流、电压信号进行比较运算，决定逆变器的输出电压、频率；电压/电流检测电路是将主回路电位隔离并检测电压、电流信号；驱动电路是根据运算结果输出的脉冲信号驱动主电路的开关器件的导通和关断；速度检测电路是将装在异步电动机轴机上的速度检测器的信号送入运算回路，根据指令和运算可使电动机按指令速度运转；保护电路主要检测主电路的电压、电流等，即当发生过载或过电压等异常时，保护逆变器和异步电动机，避免其受到损坏。

1.3　G120 变频器的系统构成

本书主要以西门子公司生产的 SINAMICS G120 系列变频器为介绍对象。它是西门子公司前期 MM4 系列变频器的升级替代产品，有着诸多相同之处。

SINAMICS G120 系列变频器的设计目标是为交流电动机提供经济的、高精度的速度/转矩控制。按照尺寸（外形尺寸 FSA～FSGX）功率范围覆盖 0.37～250 kW，这款通用型变频器广泛适用于变频驱动的应用场合。

目前，SINAMICS G120 系列变频器主要包括 G120、G120C、G120D、G120P 等系列产品，其中 G120C 为紧凑型整体式变频器，其他型号的 G120（包括 G120D、G120P）变频器都是由多种不同功能单元组成的模块化变频器，构成变频器的两个必需的主要模块为控制单元（Control Unit，CU）和功率模块（Power Module，PM），如图 1-16 所示。再加上接口单元（操作面板）可构成完整的变频器（通过软件进行变频器的参数设置及运行控制，操作面板可不选用）。控制单元、功率模块和操作面板都有各自的订货号，分开出售。

码 1-1　G120
变频器简介及控
制单元型号含义

图 1-16　G120 系列变频器的控制单元（左）和功率模块（右）

1.3.1　控制单元

控制单元可以通过不同的方式对功率模块和所接的电动机进行控制和监控。它支持与本地或中央控制的通信，并且支持通过监控设备和输入/输出端子的直接控制。

控制单元型号的含义如图 1-17 所示。

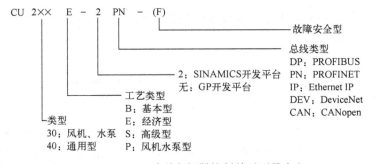

图 1-17　G120 系列变频器控制单元型号含义

1. CU230 控制单元

CU230 控制单元专门针对风机、水泵和压缩机类负载进行控制，除此之外还可以根据需要进行相应参数化，具体参数见表 1-2。

表 1-2　CU230 控制单元参数

型　号	通信类型	集成安全功能	I/O 接口种类和数量
CU230P-2 HVAC	USS, MODBUS RTU BACnet MS/TCP	无	6DI（数字量输入）、3DO（4 个字量输出）、4AI（模拟量输入）、2AO（模拟量输出）
CU230P-2 DP	PROFIBUS-DP	无	
CU230P-2 PN	PROFINET	无	
CU230P-2 CAN	CANopen	无	

2. CU240 控制单元

CU240 控制单元为变频器提供开环和闭环功能，除此之外还可以根据需要进行相应参数化，具体参数见表 1-3。

表 1-3　CU240 控制单元参数

型　号	通信类型	集成安全功能	I/O 接口种类和数量
CU240B-2	USS MODBUS RTU	无	4DI（数字量输入）、1DO（4 个字量输出）、1AI（模拟量输入）、1AO（模拟量输出）
CU240B-2 DP	PROFIBUS-DP	无	
CU240E-2	USS MODBUS RTU	STO	6DI（数字量输入）、3DO（4 个字量输出）、2AI（模拟量输入）、2AO（模拟量输出）
CU240E-2 DP	PROFIBUS-DP	STO	
CU240E-2 PN	PROFINET	无	
CU240E-2 F	USS, MODBUS RTU PROFIsafe	STO、SS1、SLS、SSM、SDI	
CU240E-2 DP-F	PROFIBUS-DP PROFIsafe		
CU240E-2 PN-F	PROFINET PROFIsafe		

注：STO—Safe Torque Off 安全转矩关闭；SS1—Safe Stop 1 安全停止 1；SLS—Safely Limited Speed 安全限制转速；SSM—Safe Speed Monitor 安全转速监控；SDI—Safe Direction 安全运行方向。

3. CU250 控制单元

CU250 控制单元为变频器提供开环和闭环功能，除此之外还可以根据需要进行相应参数化，具体参数见表 1-4。

表 1-4　CU250 控制单元参数

型　号	通信类型	集成安全功能	I/O 接口种类和数量
CU230S-2	USS MODBUS RTU	STO、SS1、SLS、SSM、SDI	11DI（数字量输入）、3DO（四个字量输出）、4DI/4DO（数字量输入/输出）、2AI（模拟量输入）、2AO（模拟量输出）
CU230S-2 DP	PROFIBUS-DP		
CU230S-2 PN	PROFINET		
CU230S-2 CAN	CANopen		

1.3.2　功率模块

变频器通过功率模块驱动电动机的运行，由控制单元内的微处理器进行控制；高性能的IGBT 及电动机电压脉宽调制技术和可选择的脉宽调制频率，使得电动机运行极为灵活可靠；多方面的保护功能可以为功能模块和电动机提供更高一级的保护。

G120 变频器有多种可供选择的功率模块，下面以常见的几种为例进行介绍。

1. PM230 功率模块

PM230 功率模块是风机、泵类和压缩机专用模块，其功率因数高、谐波小，它的特点是不带内置的制动斩波器，最大直流母线电压控制制动斜坡。这类模块不能进行再生能量回馈，其制动产生的能量通过外接制动电阻转换成热量消耗。

2. PM240 功率模块

PM240 功率模块是按照不进行再生能量回馈设计的，它的特点是 FSA ~ FSF 带有内置的制动斩波器，FSGX 尺寸需要额外配置制动斩波器。PM240 功率模块不能进行再生能量回馈，其制动产生的能量通过外接制动电阻转换成热量消耗。

3. PM240-2 功率模块

PM240-2 功率模块不能进行再生能量回馈，其制动产生的能量通过外接制动电阻转换成热量消耗。PM240-2 功率模块允许采用穿墙式安装，如果使用穿墙式安装功率模块，那么大部分损耗都会通过散热片排出控制柜。

4. PM250 功率模块

PM250（3AC 400 V）功率模块采用了一种创新的电路设计，它可以与电源之间能量交换，因此，PM250 功率模块能进行再生能量回馈，其制动产生的再生能量通过外接制动电阻转换成热量消耗，也可以回馈给电网，达到节能的目的。

还有 PM240P-2 功率模块、PM260 功率模块、PM340 功率模块等，在此不再赘述，具体功用可查看相关手册。

在变频器选型时，控制单元和功率模块之间的兼容性是必须考虑的。控制单元和功率模块兼容性见表 1-5。

表 1-5　控制单元与功率模块兼容性

	PM230	PM240	PM240-2	PM250
CU230P-2	√	√	√	√
CU240B-2	√	√	√	√
CU240E-2	√	√	√	√
CU250S-2	×	√	√	√

注："√" 表示兼容；"×" 表示不兼容。

1.3.3　操作面板

为了确保 SINAMICS G120 变频器的操作及监控便捷高效，西门子公司提供了 3 种不同的操作面板：基本操作面板（Basic Operator Panel，BOP）、智能操作面板（Intelligent Operator Panel，IOP）和智能连接模块。下文以 BOP 和 IOP 中 2 型为例进行介绍。

1. 基本操作面板

基本操作面板是变频器的可选单元，通过安装在变频器控制单元上的基本操作面板可设置变频器的参数、起停控制及速度控制，还能通过面板显示变频器的实际运行状态等。

（1）BOP-2 外形

基本操作面板与智能操作面板和智能连接模块相比，面板及显示部分比较简单，其外形如图 1-18 所示。

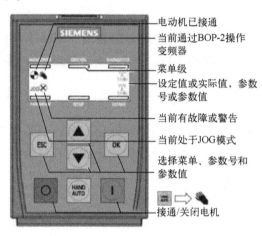

电动机已接通
当前通过BOP-2操作变频器
菜单级
设定值或实际值，参数号或参数值
当前有故障或警告
当前处于JOG模式
选择菜单、参数号和参数值
接通/关闭电机

图 1-18 基本操作面板 BOP-2 外形

（2）BOP-2 按键功能

BOP-2 上的各按键功能见表 1-6。

表 1-6 BOP-2 按键功能描述

按 键	功 能 描 述
OK	• 菜单选择时，表示确认所选的菜单项 • 当参数选择时，表示确认所选的参数和参数值设置，并返回上一级画面 • 在故障诊断画面，使用该按钮可以清除故障信息
▲	• 在菜单选择时，表示返回上一级的画面 • 当参数修改时，表示改变参数号或参数值 • 在 HAND 模式下，点动运行方式下，长时间同时按 ▲ 和 ▼ 可以实现以下功能：若在正向运行状态下，则将切换反向状态；若在停止状态下，则将切换到运行状态
▼	• 在菜单选择时，表示进入下一级的画面 • 当参数修改时，表示改变参数号或参数值
ESC	• 若按该按键 2 s 以下，表示返回上一级菜单，或表示不保存所修改的参数值 • 若按该按键 3 s 以上，将返回到监控画面 注意：在参数修改模式下，此按键表示不保存所修改的参数值，除非之前已经按 **OK**
I	• 在 AUTO 模式下，该按键不起作用 • 在 HAND 模式下，表示启动命令
O	• 在 AUTO 模式下，该按键不起作用 • 在 HAND 模式下，若连续按两次，将按 "OFF2" 方式自由停车 • 在 HAND 模式下，若按一次，将按 "OFF1" 方式停车，即按参数 P1121 的下降时间停车
HAND AUTO	BOP（HAND）与总线或端子（AUTO）的切换按钮 • 在 HAND 模式下，按下该键，切换到 "AUTO" 模式。**I** 和 **O** 按键不起作用。若自动模式的启动命令在，变频器自动切换到 "AUTO" 模式下的速度给定值 • 在 AUTO 模式下，按下该键，切换到 "HAND" 模式。**I** 和 **O** 按键将起作用。切换到 HAND 模式，速度设定值保持不变 在电动机运行期间可以实现 "HAND" 和 "AUTO" 模式的切换

注：若要锁住或解锁按键，只需同时按 **ESC** 和 **OK** 3 s 以上即可。

（3）BOP-2 图标

BOP-2 上通过各种图标表示变频器的实时运行状态，具体图标描述见表 1-7。

表 1-7　BOP-2 图标描述

图　标	功　能	状　态	描　述
🖐	控制源	手动模式	HAND 模式下会显示，AUTO 模式下不显示
⊕	变频器状态	运行状态	表示变频器处于运行状态，该图标是静止的
JOG	JOG 功能	点动功能激活	
⊗	故障和报警	静止表示报警 闪烁表示故障	故障状态下会闪烁，变频器会自动停止。静止图标表示处于报警状态

（4）BOP-2 菜单结构

BOP-2 的菜单结构如图 1-19 所示。

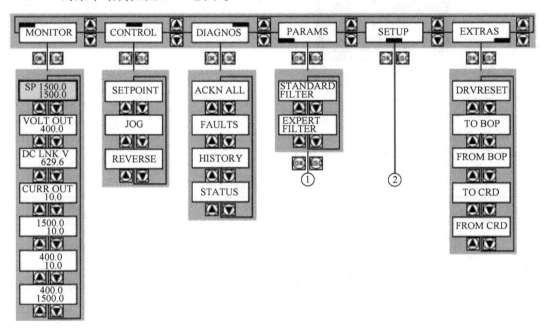

图 1-19　基本操作面板 BOP-2 的菜单结构

修改参数值时，图 1-19 中的①表示可自由选择参数号，②表示基本调试。其菜单功能描述见表 1-8。

表 1-8　BOP-2 菜单功能描述

菜　单	功能描述
MONITOR	监视菜单：运行速度、电压和电流值显示
CONTROL	控制菜单：使用 BOP-2 控制变频器
DIAGNOS	诊断菜单：故障报警和控制字、状态字的显示
PARAMS	参数菜单：查看或修改参数
SETUP	调试向导：快速调试
EXTRAS	附加菜单：设备的工厂复位和数据备份

2. 智能操作面板

智能操作面板相较于基本操作面板显示的信息较为详细。

（1）IOP-2 外形

IOP-2 外形如图 1-20 所示。

码 1-2　　G120
变频器 IOP 面板
认知

Esc/Exit Off　Hand　OK　On Help
　　　　　　 Auto　　 Run

图 1-20　IOP-2 外形

（2）IOP-2 按键功能

IOP-2 各键功能见表 1-9。

表 1-9　IOP-2 按键功能描述

按　键	功 能 描 述
（OK 推轮）	推轮具有以下功能： • 在菜单中通过旋转推轮改变选择 • 当选择突出显示时，按压推轮确认选择 • 编辑一个参数时，旋转推轮改变显示值：顺时针增大显示值，逆时针减小显示值 • 编辑参数或搜索值时，可以选择编辑单个数字或整个值。长按推轮（大于 3 s），在两个不同的值编辑模式之间切换
（开机键 I）	开机键具有以下功能： • 在 AUTO 模式下，屏幕显示为一个信息屏幕，说明该命令源为 AUTO，可通过按 HAND/AUTO 键改变 • 在 HAND 模式下启动变频器：变频器状态图标开始转动 注意： 对于固件版本低于 4.0 的控制单元： 在 AUTO 模式下运行时，无法选择 HAND 模式，除非变频器停止 对于固件版本为 4.0 或更高的控制单元： 在 AUTO 模式下运行时，可以选择 HAND 模式，电动机将继续以最后选择的设定速度运行 如果变频器在 HAND 模式下运行时，切换至 AUTO 模式时电动机停止
（停机键 ○）	停机键具有以下功能： • 如果按下时间超过 3 s，变频器将执行 OFF2 命令，电动机将关闭停机。注意：在 3 s 内按下 2 次 OFF 键也将执行 OFF2 命令 • 如果按下时间不超过 3 s，变频器将执行以下操作： 在 AUTO 模式下，屏幕显示为一个信息屏幕，说明该命令源为 AUTO，可使用 HAND/AUTO 键改变，变频器不会停止 如果在 HAND 模式下，变频器将执行 OFF1 命令，电动机将以参数设置为 P1121 的减速时间停机

（续）

按　　键	功　能　描　述
ESC	退出键具有以下功能： ● 如果按下时间不超过 3 s，则 IOP 返回到上一页，或者如果正在编辑数值，新数值不会被保存 ● 如果按下时间超过 3 s，则 IOP 返回到状态屏幕 在参数编辑模式下使用退出键时，除非先按确认键，否则数据不能被保存
INFO	INFO 键具有以下功能： ● 显示当前选定项的额外信息 ● 再次按下 INFO 会显示上一页
HAND AUTO	HAND/AUTO 键切换 HAND 和 AUTO 模式之间的命令源 ● HAND 设置到 IOP 的命令源 ● AUTO 设置到外部数据源的命令源，如现场总线

（3）IOP-2 图标

IOP 的屏幕图标及含义见表 1-10。

表 1-10　IOP 的屏幕图标及其含义

功　　能	状　　态	符　　号	备　　注
命令源	自动		
	JOG	JOG	点动功能激活时显示
	手动		
变频器状态	就绪		
	运行		电动机运行时图标
故障未决	故障		
报警未决	报警		
保存至 RAM	激活		表示所有数据目前已保存至 RAM。如果断电，所有数据将会丢失
PID 自动调整	激活		
休眠模式	激活		
写保护	激活		参数不可更改
专有技术保护	激活		参数不可浏览或更改
ESM	激活		基本服务模式
电池状态	完全充电		只有使用 IOP 手持套件时才显示电池状态
	3/4		
	1/2		
	1/4		
	无充电		
	正在充电		

（4）IOP-2 菜单结构

IOP 是一个菜单驱动设备，其菜单结构如图 1-21 所示。

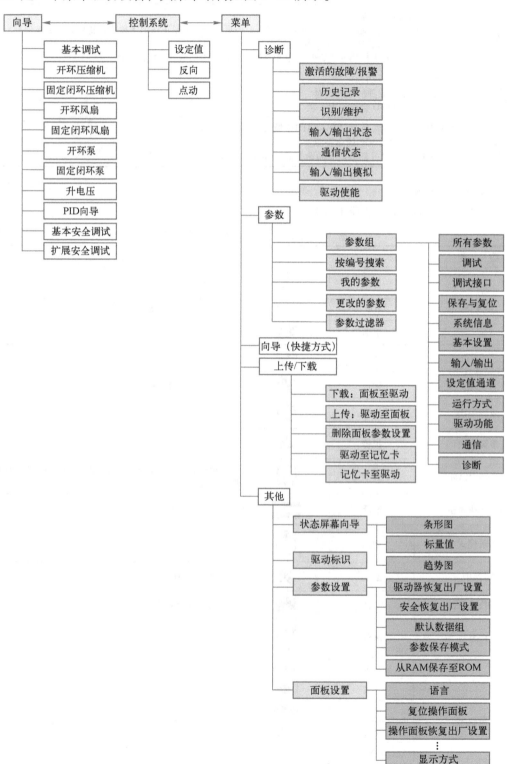

图 1-21　IOP-2 菜单结构

3. 智能连接模块

SINAMICS G120 智能连接模块是一款基于 WiFi 的网络服务器模块和工程工具，可用于对所支持的 SINAMICS G120 变频器进行快速调试、参数设置和诊断。

SINAMICS G120 智能连接模块通过一个 RS232 接口连接到 SINAMICS G120 变频器，可允许从所连接设备（装有无线网卡的传统 PC、平板计算机或智能手机）对变频器进行基于网络的访问。

 注意：

SINAMICS G120 智能连接模块仅供调试使用，不可长期与变频器共用。SINAMICS G120 智能连接模块如图 1-22 所示。

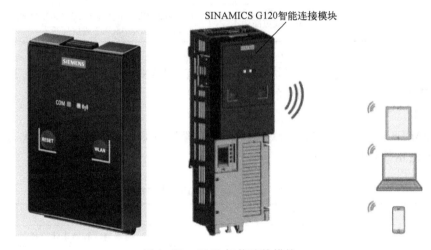

图 1-22　G120 智能连接模块

（1）支持的变频器

SINAMICS G120 智能连接模块能自动识别 SINAMICS 系列的以下设备：

- SINAMICS G120X
- SINAMICS G120XA
- SINAMICS G120C *
- SINAMICS G120 CU230P-2 *
- SINAMICS G120 CU240E-2(不包括 CU240E-2 F、CU240E-2 DP-F 和 CU240E-2 PN-F) *

其中，"*"表示必须使用固件版本 4.7 SP6 或更高固件版本的变频器。

（2）系统要求

SINAMICS G120 智能连接模块对装有无线网卡的设备系统要求见表 1-11。

（3）按钮功能

在 SINAMICS G120 智能连接模块正面左侧设有复位按钮，在 SINAMICS G120 智能连接模块通电状态下按住该按钮 3 s 以上可将 SINAMICS G120 智能连接模块的 WiFi 配置复位至出厂默认值。在 SINAMICS G120 智能连接模块断电状态下按住该按钮会进入基本升级模式。

表 1-11　SINAMICS G120 智能连接模块系统要求

装有无线网卡的设备	操 作 系 统	推荐使用的网络浏览器
PC	Windows 7	● Google Chrome 版本 64.0.3239 或更高版本 ● IE 版本 11.0.9600 或更高版本 ● Firefox 版本 45.0.2 或更高版本
	Windows 10	● Google Chrome 版本 65.0 或更高版本 ● Edge 版本 38.14393.1066 或更高版本 ● Firefox 版本 45.0.2 或更高版本
智能手机/平板计算机	Apple iOS 10.2 或更高版本	● Google Chrome 版本 65.0 或更高版本 ● Firefox 版本 10.6 或更高版本 ● Safari
	Android 6.0.1 或更高版本	● Google Chrome 版本 64.0.3202.84 或更高版本 ● Firefox 版本 45.0.2 或更高版本

在 SINAMICS G120 智能连接模块正面右侧设有 WLAN 按钮，按住该按钮 3 s 以上可开启/关闭 SINAMICS G120 智能连接模块的 WiFi 连接。

（4）LED 状态

在 SINAMICS G120 智能连接模块正面中间位置设有智能连接模块工作状态 LED 指示灯，其 LED 状态指示信息见表 1-12。

表 1-12　智能连接模块工作状态指示信息

LED	颜　色	工 作 状 态
变频器通信	红色长亮	模块与变频器未建立通信
	绿色长亮	模块与变频器已建立通信
WiFi 通信	红色长亮	网络通信正在初始化
	黄色长亮	网络初始化已完成，但模块尚未连接到 PC 或移动设备
	绿色长亮	模块与 PC 或移动设备已建立连接，现在可打开网页
	绿色闪烁	模块与 PC 或移动设备已建立连接，网页已打开
	黄色闪烁	模块因升级完成或 WiFi 配置修改而需要重启
	红色和黄色交替闪烁	模块正在升级

1.3.4　G120 外围线路的连接

1. G120 变频器控制单元的线路连接

要正确使用变频器，则必须先了解控制单元上各端子的定义及其与外围元件的线路连接。不同型号的 G120 变频器的接线有所不同，现在以 G120 变频器的控制单元 CU240B/E-2 为例介绍其外围线路的连接及控制端子的定义（见表 1-13）。图 1-23 为控制单元 CU240B/E-2 的接口、连接器、开关、端子排和 LED。图 1-24 为 CU240B-2 控制单元接线图。图 1-25 为 CU240E-2 控制单元接线图。

码 1-3　G120 变频器的端子配置

表 1-13　G120 控制端子排的定义

端子序号	端子名称	功能描述	端子序号	端子名称	功能描述
1	+10 V OUT	输出 +10 V	17	DI5	数字量输入 5
2	GND	输出 0 V/GND	18	DO0 NC	数字量输出 0/常闭触点
3	AI0+	模拟量输入 0（+）	19	DO0 NO	数字量输出 0/常开触点
4	AI0-	模拟量输入 0（-）	20	DO0 COM	数字量输出 0/公共触点
5	DI0	数字量输入 0	21	DO1 POS	数字量输出 1+
6	DI1	数字量输入 1	22	DO1 NEG	数字量输出 1-
7	DI2	数字量输入 2	23	DO2 NC	数字量输出 2/常闭触点
8	DI3	数字量输入 3	24	DO2 NO	数字量输出 2/常开触点
9	+24 V OUT	隔离输出 +24V OUT	25	DO2 COM	数字量输出 2/公共触点
10	AI1+	模拟输入 1（+）	26	AI1+	模拟输出 1（+）
11	AI1-	模拟输入 1（-）	27	AI1-	模拟输出 1（-）
12	AO0+	模拟输出 0（+）	28	GND	GND/max. 100 mA
13	AO0-	模拟输出 0（-）	31	+24 V IN	外部电源+
14	T1 MOTOR	连接 PTC/KTY84	32	GND IN	外部电源-
15	T1 MOTOR	连接 PTC/KTY84	34	DI COM2	公共端子 2
16	DI4	数字输入 4	69	DI COM1	公共端子 1

注：不同型号的 G120 变频器控制单元的端子数字不同，如 CU240B-2 无 16、17 号端子，但 CU240E-2 则有此端子。

（1）电源端子的连接

端子 1、2 是变频器为用户提供的一个高精度的 10 V 直流电源的连接端子。端子 9、28 是变频器的内部 24 V 直流电源的连接端子，可供数字量输入端子使用。端子 31、32 是外部接入的 24 V 直流电源的连接端子，为变频器的控制单元提供 24 V 直流电源。

（2）公共端子的连接

端子 34、69 为数字量公共端子，在使用数字量输入时，必须将对应的公共端子与 24 V 电源的负极性端相连。

（3）数字量输入 DI 的连接

CU240E-2 控制单元的数字量输入 DI 的接线有两种方式。第一种方式是使用控制单元的内部 24 V 电源，必须使用 9 号端子（+24 V OUT），同时需要将公共端子 34 和 69 与 28 号端子（GND）短接。第二种方式是使用外部 24 V 电源，不使用 9 号端子（+24 V OUT），但 34 和 69 号公共端子要与外部 24 V 的电源的 0 V 短接。从图 1-24 中已可以看出数字量输入 DI 的接线方式。

（4）数字量输出 DO 的连接

CU240E-2 控制单元的数字量输出 DO 的接线有两种方式类型，分别为继电器型输出（数字量输出 0 和 2）和晶体管型输出（数字量输出 1）。数字量输出 DO 的信号与相应的参数设置有关，可将 DO 设置为系统发生故障、报警、运行正常等信号输出。

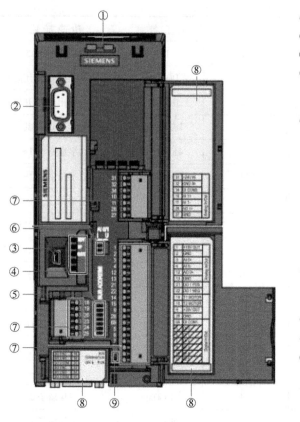

① 存储卡插槽（MMC卡或SD卡）

② 操作面板（IOP或BOP-2）接口

③ 用于连接STARTER的USB接口

④ 状态LED
- ■ RDY
- ■ BF
- □ SAFE

⑤ 用于设置现场总线地址的DIP开关

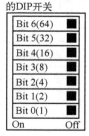

示例：
地址=10
（=2+8）

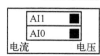

⑥ 用于设置AI0和AI1（端子3/4和10/11）的DIP开关

AI1	■
AI0	■
电流	电压

⑦ 端子排

⑧ 端子名称

⑨ 取决于现场总线：
CU240B-2, CU240E-2, CU240E-2 F
总线接口
CU240B-2 DP, CU240E-2 DP, CU240E-2 DP-F
无功能

| ON | □ |
| OFF | ■ |

CU240B-2, CU240E-2, CU240E-2 F

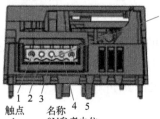

RS485插头，用于和现场
总线系统进行通信

触点　名称
1　　0V参考电位
2　　RS485P，接收和发送(+)
3　　RS485N，接收和发送(-)
4　　电缆屏蔽
5　　未连接

CU240B-2 DP, CU240E-2 DP, CU240E-2 DP-F

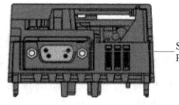

SUB-D插座，用于
PROFIBUS DP通信

图 1-23　控制单元 CU240B/E-2 的接口、连接器、开关、端子排和 LED

（5）模拟量输入 AI 的连接

模拟量输入主要用于对变频器给定频率。CU240E-2 控制单元的模拟量输入 AI 的连接有两种方式。第一种方式是使用控制单元内部的 10 V 电源，电位器的电阻大于或等于 4.7 kΩ，1号端子（+10 V OUT）和 2 号端子（GND）连接在电位器固定电阻端子上，4 号端子和 2 号端子短接，3 号端子与电位器的可移动的端子连接。第二种方式是 3 号端子与外部信号的正极性端子连接，4 号端子与外部信号的负极性端子连接。

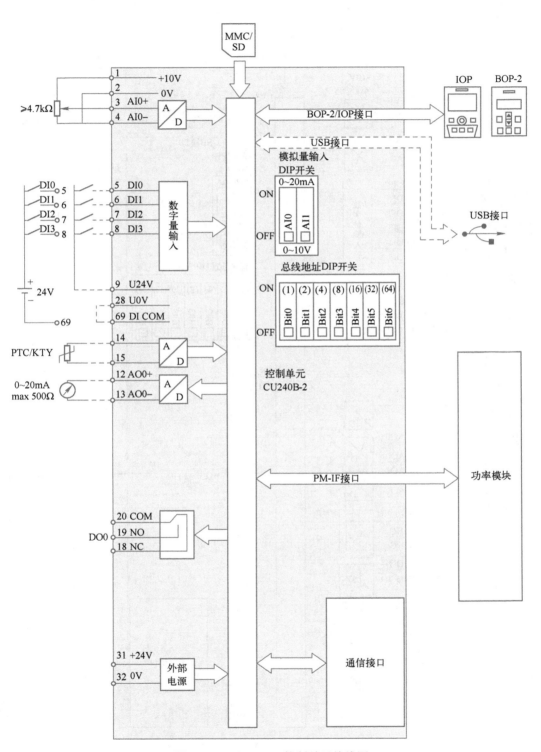

图 1-24　CU240B-2 控制单元接线图

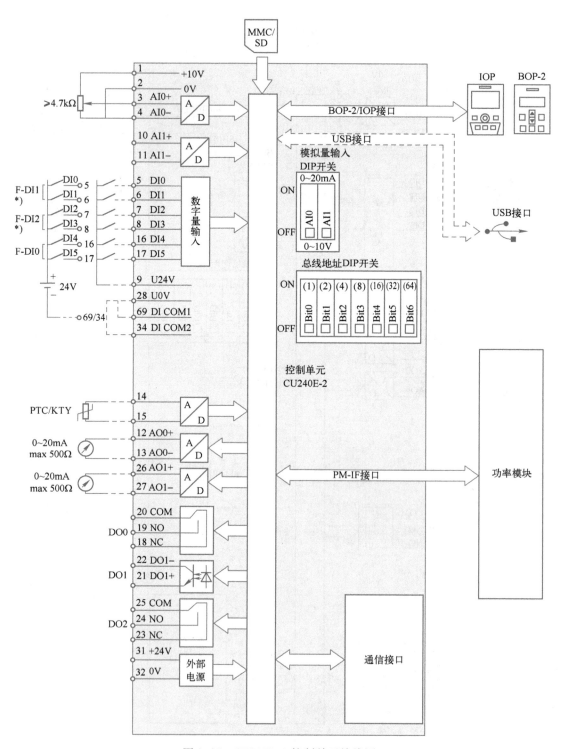

图 1-25 CU240E-2 控制单元接线图

（6）模拟量输出 AO 的连接

模拟量输出主要是输出变频器运行时实际的参数值，如实时频率、电压和电流等，具体输出信号取决于系统参数的设置。

（7）保护端子的连接

端子 14、15 为电动机过热保护输入端，当电动机过热时给 CPU 提供一个触发信号，用于连接 PTC、KTY84 或双金属片等。

（8）通信接口的端子定义

控制单元 CU240B-2、CU240E-2 和 CU240E-2 F 的基于 RS485 的 USS/Modbus RTU 通信接口定义，如图 1-26 所示。如果此变频器位于网络的最末端，则 DIP 开关拨到"ON"位置上，表示接入终端电阻；若 DIP 开关拨到"OFF"位置上，则表示未接入终端电阻。

RS485 接口的 2 号端子是通信信号的信号+，3 号端子是通信信号的信号-，4 号端子接屏蔽线。

控制单元 CU240B-2、CU240E-2 和 CU240E-2 F 的基于 RS485 的 PROFIBUS-DP 通信接口定义如图 1-27 所示。如果此变频器位于网络的最末端，则 DIP 开关拨到"ON"位置上，表示接入终端电阻；若 DIP 开关拨到"OFF"位置上，表示未接入终端电阻。

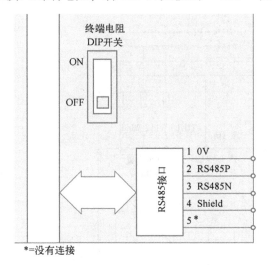
图 1-26　基于 RS485 的 USS/Modbus RTU
通信接口定义

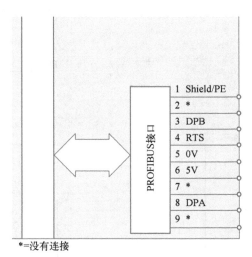
图 1-27　基于 RS485 的 PROFIBUS-DP
通信接口定义

PROFIBUS-DP 接口的 3 号端子是通信的信号 B，8 号端子是通信的信号 A，1 号端子接屏蔽线。

控制单元 CU240E-2 PN、CU240E-2 PN-F 和 CU250S-2 PN 的基于以太网的 PROFINET 通信接口定义，如图 1-28 所示。

控制单元 CU250S-2 CAN 的基于 CAN 的 CANopen 通信接口定义，如图 1-29 所示。

2. G120 变频器功率模块的线路连接

变频器的功率模块主要与强电部分连接，在此以 PM240 功率模块为例进行介绍。L1、L2 和 L3（或 U1、V1 和 W1）是交流电源的接入端子，U2、V2 和 W2 是交流电源的输出端子，一般与电动机连接，如图 1-30 所示。R1 和 R2 是连接外部制动电阻的端子，没有制动要求时，此端子空置不用。A 和 B 是连接抱闸继电器的端子，用于抱闸电动机的制动，为非抱闸电动机时此端子空置不用。

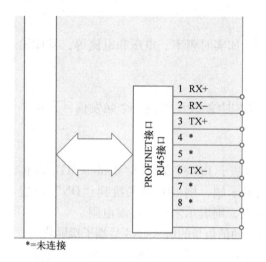

图 1-28　基于以太网的 PROFINET
通信接口定义

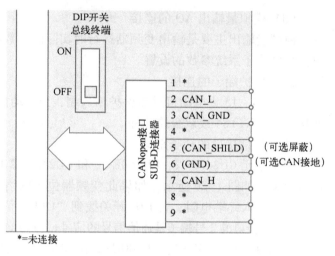

图 1-29　基于 CAN 的 CANopen
通信接口定义

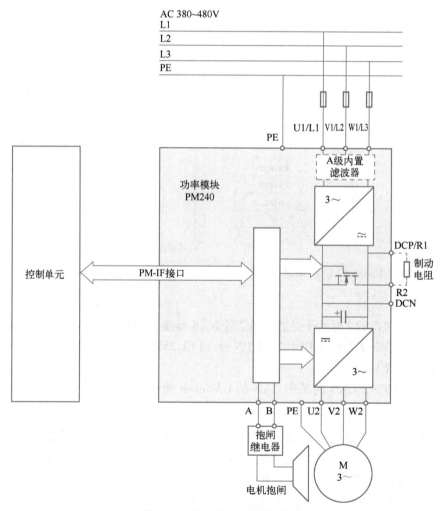

图 1-30　PM240 功率模块连接

注：FSA~FSF 尺寸变频器集成制动单元可以直接连接制动电阻；FSGX 尺寸变频器需要外配制动单元才能加装制动电阻。

1.4 G120 变频器的调试软件

码 1-4　G120
变频器调试软件
Startdrive

1.4.1 STARTER 调试软件

STARTER 调试软件用于西门子部分变频器（西门子公司称传动装置）的现场调试，能够实现在线监控、修改装置参数、故障检测和复位以及跟踪记录等强大调试功能。西门子官方网站提供 STARTER 调试软件的下载，其下载地址为 http://support. automation. siemens. com/CN/view/en/26233208。

随着西门子新一代驱动装置的推出以及 STARTER 功能的完善，STARTER 的版本也在不断更新，本书使用 STARTER V5.4 版本，该版本调试软件适用于 MM4 系列和 SINAMICS 系列变频器。

双击桌面上已安装 STARTER V5.4 调试软件的图标，创建一个新项目（如 STARTER_First），然后添加驱动单元和功率模块，出现图 1-31 所示的调试窗口，此窗口类似于 Windows 界面，包括标题栏、菜单栏、工具栏、编辑区和状态栏等。

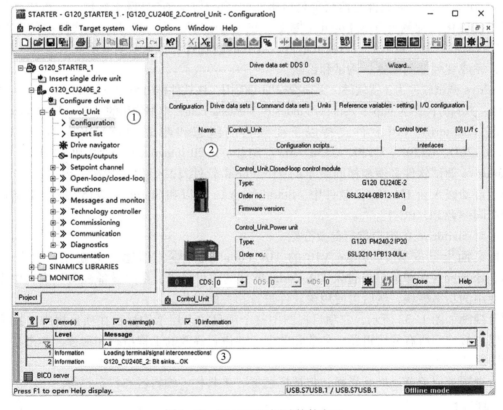

图 1-31　STARTER 调试软件窗口

1. 项目树

图 1-31 中左侧标①处称项目树，在项目树中可以添加变频器的驱动单元和功率模块，在添加完成控制单元和功率模块后，打开各级文件夹，可选择其中某个选项卡，然后在窗口右侧的编辑区中对其进行硬件组态、参数修改、功能调试或运行诊断等。

2. 编辑区

图 1-31 中间标②处称项目编辑区或工作区，在此区域中可以编辑项目树中相应选项中的内容，如根据向导配置变频器，更改变频器的参数、调试、监控和诊断变频器运行状态等。

在图 1-31 中②处显示项目树中"驱动单元（Control_Unit）"文件夹下的"配置（Configuration）"选项，在编辑区中可以预览驱动单元、功率模块相关信息（如型号、订货号等）和所驱动电动机的额定数据，可以更改变频器的驱动数据组和命令数据组，可以对变频器 I/O 端子进行重新配置等。还可以通过单击"向导"按钮 **Wizard...** 对变频器所驱动的电动机参数，根据向导提示进行重新设置等。

3. 输出窗口

在变频器的硬件组态或参数修改等操作后，一般都需要对其操作进行编译。单击工具栏上的"编译"按钮 后，图 1-31 中下方标③处的输出窗口中将显示本次操作的编译结果，在输出窗口中会显示错误、警告及其及相关信息的条目数。

1.4.2 Startdrive 调试软件

SINAMICS Startdrive 软件是西门子公司研发的新一代驱动产品调试软件。它可以作为西门子全集成自动化工程软件 TIA Portal（博途）的一个组件，与 TIA Portal 软件中的其他组件（STEP7、WinCC 等）共享统一的调试平台、统一的数据库，大大提升工作效率。它也可以独立运行，完成变频器的配置、调试和诊断。

Startdrive 调试软件为免费软件，无须授权即可使用。该软件推出 Startdrive V11 以来，目前仍在不断升级，其官方网站为 https://support.industry.siemens.com，本书使用的是 Startdrive V16。

目前，Startdrive V16 软件支持以下变频器的组态和调试：SINAMICS G110M、G120、G120C、G120D、G120P、G130、G150、MV、S120、S120 Integrated、S150 和 S210 等。

Startdrive 调试软件必须和相同版本的 TIA Portal 软件及其组件安装在一台 PG/PC 上，安装完成后自动嵌入到 TIA Portal 软件中。Startdrive V16 可以和 Startdrive V15 以及 STARTER 软件安装在同一台 PG/PC 上。

下面对 Startdrive 的窗口进行简要介绍。

双击桌面上已安装 Startdrive V16 的 TIA Portal 图标 ，创建一个新项目（如 G120_yanshi），添加完控制单元后可进入 TIA Portal 软件的项目视图，在"设备视图"窗口中添加变频器所使用的功率模块，然后可使用该软件进行相关的操作。

项目视图如图 1-32 所示，在项目视图中整个项目按多层结构显示在项目树中。在项目视图中可以直接访问所有的编辑器、参数和数据，并进行高效的工程组态和编程，本书主要使用项目视图。

项目视图类似于 Windows 界面，包括标题栏、工具栏、编辑区和状态栏等。

1. 项目树

项目视图的左侧为项目树（或项目浏览器），即标有①的区域，可以用项目树访问所有设备和项目数据，添加新的设备，编辑已有的设备，打开处理项目数据的编辑器。

单击项目树右上角的 按钮，项目树和下面标有②的详细视图消失，同时在最左边的垂直条的上端出现 按钮。单击它将打开项目树和详细视图，可以用类似的方法隐藏和显示右边标有⑥的任务卡。

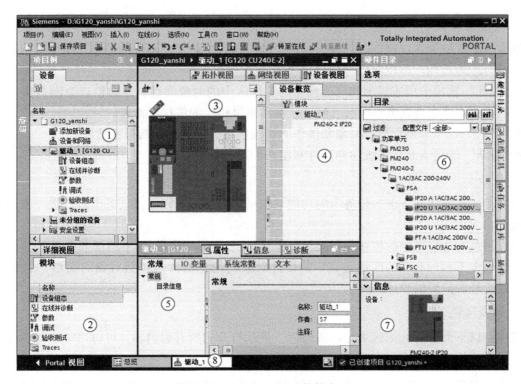

图 1-32　Startdrive 调试软件窗口

将鼠标的光标放到两个显示窗口的交界处，出现带双向箭头的光标时，按住鼠标的左键移动鼠标，可以移动分界线，调节分界线两边的窗口大小。

2. 详细视图

项目树窗口下面标有②的区域是详细视图，详细视图显示项目树被选中的对象下一级的内容。图 1-32 中的详细视图显示的是项目树的"驱动_ 1"文件夹中的内容。

单击详细视图左上角的 ∨ 按钮，详细视图被关闭，只剩下紧靠"Portal 视图"的标题，标题左边的按钮变为 ＞。单击该按钮，将重新显示详细视图。可以用类似的方法显示和隐藏标有⑤的巡视窗口和标有⑦的信息窗口。

3. 工作区

标有③的区域为工作区，可以同时打开几个编辑器，但是一般只能在工作区同时显示一个当前打开的编辑器。打开的编辑器在最下面标有⑧的编辑器栏中显示。没有打开编辑器时，工作区是空的。

单击工具栏上的 、 按钮，可以垂直或水平拆分工作区，同时显示两个编辑器。

单击工作区右上角的 按钮，将工作区最大化，将会关闭其他所有的窗口。最大化工作区后，单击工作区右上角的 按钮，工作区将恢复原状。

图 1-32 的工作区显示的是硬件的"设备视图"选项卡，可以组态硬件。选中"网络视图"选项卡，将打开网络视图。

可以将硬件列表中需要的设备或模块拖放到工作区的硬件视图和网络视图中。

显示设备视图或网络视图时，标有④的区域为设备概览区或网络概览区。

4. 巡视窗口

标有⑤的区域为巡视窗口，用来显示选中的工作区中的对象附加的信息，还可以用巡视窗口来设置对象的属性。巡视窗口有 3 个选项卡：

- "属性"选项卡用来显示和修改选中的工作区中的对象属性。左边窗口为浏览窗口，选中其中的某个参数组，在右边窗口显示和编辑相应的信息或参数。
- "信息"选项卡显示已选对象和操作的详细信息，以及编译的报警信息。
- "诊断"选项卡显示系统诊断事件和组态的报警事件。

5. 任务卡

标有⑥的区域为任务卡，任务卡的功能与编辑器有关。可以通过任务卡进行进一步的或附加的操作。

可以用最右边竖条上的按钮来切换任务卡显示的内容。图 1-32 中的任务卡显示的是硬件目录。任务卡下面标有⑦的区域是选中的硬件对象的信息窗口，包括对象的图形、名称、版本号、订货号和简要的描述。

6. 编辑器栏

巡视窗口下面标有⑧的区域是编辑器栏，显示打开的所有编辑器，可以用编辑器栏在打开的编辑器之间快速地切换工作区显示的编辑器。

1.5 案例 1 使用调试软件创建项目

1.5.1 任务导入

变频器的早期产品不支持使用软件进行调试，工程技术人员都是通过变频器的操作面板对变频器的参数进行设置的。随着变频器技术的发展，企业多使用调试软件进行变频器运行参数的修改及运行状态的监控，通过计算机与变频器的连接，能快速进行变频器参数的修改及功能的调试，而且计算机显示器比较大，显示的信息多，操作也方便，因此，使用调试软件操作变频器的用户越来越多。

本案例主要任务是分别使用 STARTER V5.4 和 Startdrive V16 调试软件进行变频器项目的创建，以满足较多用户对变频器项目的调试需求。

1.5.2 任务实施

1. 使用 STARTER V5.4 调试软件离线创建项目

（1）打开软件

双击桌面上 STARTER 调试软件的图标，可打开 STARTER 调试软件窗口，同时弹出"HTML Help"对话框，读者将其关闭后，弹出一个 STARTER-Project Wizard（项目创建向导）对话框，如图 1-33 所示，从此对话框中可以看出创建项目的基本步骤为：生成一个项目，设置 PG/PC 接口，插入驱动单元，总结等。或关闭此"项目创建向导"对话框，单击 STARTER 调试软件窗口中的"Project（项目）"菜单中的"New with wizard（使用向导创建新项目）"选项，同样也会弹出图 1-33 所示的"项目创建向导"对话框。

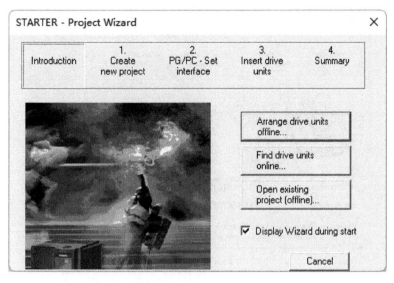

图 1-33　"项目创建向导"对话框

（2）在线或离线配置驱动单元、设置访问节点

选择在线或离线配置驱动单元，建议选择在线配置。若选择离线配置，则用户一定要熟知实际使用变频器的控制单元和功率模块的订货号。离线配置时，单击图 1-33 所示的"Arrange drive units offline…（离线配置驱动单元）"按钮，弹出图 1-34 所示对话框，在对话框的项目名称的文本框中输入项目的名称，如 G120_STARTER_1，作者名称可不输入，可修改项目保存的路径或采用默认路径，然后单击"Next（下一步）"按钮，在弹出的对话框中设置访问节点，如图 1-35 所示，在"Access point（访问节点）"下拉列表框中选择"S7ONLINE（STEP7）"。

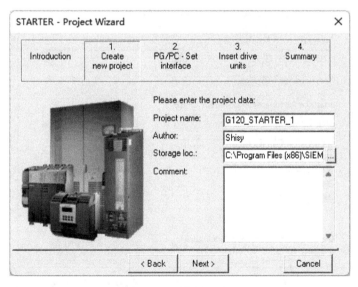

图 1-34　创建新项目

（3）设置 PG/PC 接口

如图 1-35 所示，单击 PG/PC 接口按钮 PG/PC…，弹出"设置 PG/PC 接口"对话框（见图 1-36）。在此，使用 SUB 接口方式将计算机（PC）与变频器通信接口（图 1-23 的③处）

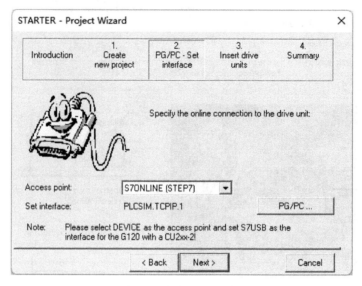

图 1-35　设置访问节点

相连接。在图 1-36 所示的对话框的 "Interface Parameter Assignment Used：（使用的接口参数分配）"列表框中选择"USB. S7USB. 1"选项，单击"OK"按钮后又回到设置访问节点的对话框，单击"Next（下一步）"按钮，弹出选择驱动单元的对话框，如图 1-37 所示。如果读者使用的变频器控制单元为 CU240E-2 PN，则 PG/PC 接口还可选择为计算机实际使用的网卡（Realtek PCIe GbE Family Controller. TCPIP. Auto. 1）。

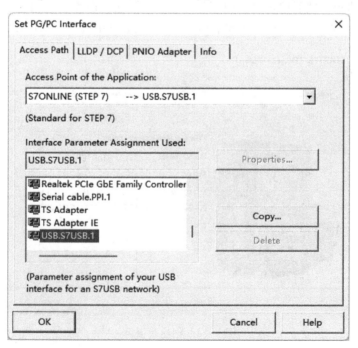

图 1-36　"设置 PG/PC 接口"对话框

（4）插入控制单元

在图 1-37 中可以插入用户实际使用的驱动单元，即"Device（设备）"下拉列表框中选择"Sinamics",在"Type（类型）"下拉列表框中选择"G120 CU240E-2",在"Version（版本）"下拉列表框中选择"4.7.6",在"Target dev. addr.：（目标设备地址）"下拉列表框中输入0。然后单击"Insert（插入）"按钮 Insert，在左侧的"Preview（预览）"列表中将选定的控制单元添加到项目中（见图1-37左侧），单击"Next（下一步）"按钮，弹出项目概览的对话框（见图1-38），然后单击"Complete（完成）"按钮 Complete 完成项目的创建。

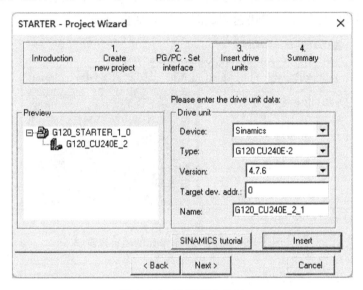

图1-37 选择驱动单元

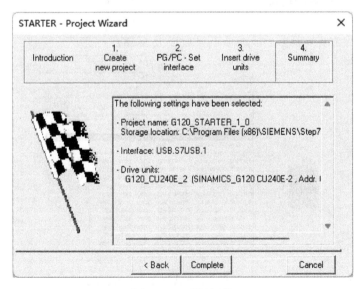

图1-38 项目概览

　　项目建立完成后，MM4系列和G110系列的变频器就可以直接进行联机操作了，但是SINAMICS系列的其他变频器需要进行功率单元的组态。

（5）插入功率单元

单击调试软件项目树中的"G120_CU240E_2"文件夹，打开文件夹后双击"Configure drive unit（配置驱动单元）"（见图1-39），弹出"配置功率单元"对话框，如图1-40所示。

选择用户实际使用的功率单元，其类型为 PM240-2，本书使用的功率单元订货号为 6SL3210-1PB13-0UL0，所以选择图 1-40 中订货号为 6SL3210-1PB13-0ULX。单击"Next（下一步）"按钮 Next >，弹出如图 1-41 所示的"功率单元概览"对话框，如果不勾选图 1-41 中"Then start commissioning wizard（然后启动调试向导）"单选按钮，单击"Finish（完成）"按钮 Finish 便完成功率单元的插入；如果勾选此单选按钮后再单击"Finish（完成）"按钮 Finish，即完成功率单元的插入的同时又会打开"快速调试向导"对话框。

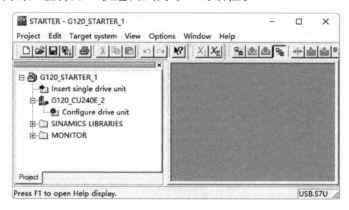

图 1-39　已插入控制单元的项目视窗

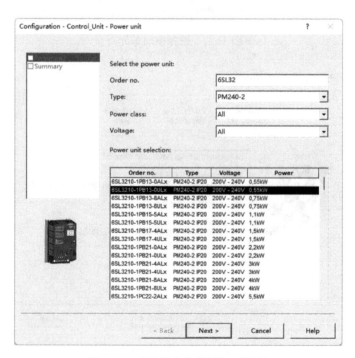

图 1-40　"配置功率单元"对话框

在控制单元和功率单元插入完成后，可单击调试软件视窗中工具栏中的"保存"按钮 🖫 对所进行的配置进行保存。

2. 使用 STARTER V5.4 调试软件在线创建项目

1）双击桌面上 STARTER 调试软件的图标 🖳，打开调试软件，关闭"项目创建向导"对话

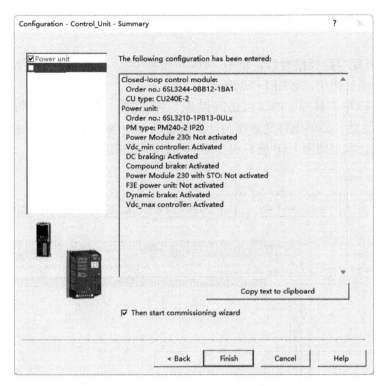

图 1-41　"功率单元概览"对话框

框和"帮助"对话框。在打开的项目视图中单击工具栏上的"新建"按钮口，或单击"Project（项目）"菜单栏中的"New…（新建）"，弹出"创建新项目"对话框，如图 1-42 所示。

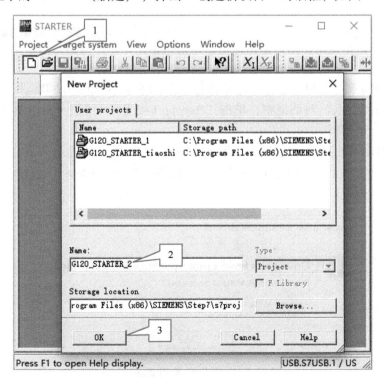

图 1-42　创建新项目

2）在"创建新项目"对话框中，输入项目名称如"G120_STARTER_2"，可以修改项目保存的"路径"。

3）项目名称及保存路径修改后，单击"OK"按钮 OK ，生成一个新项目，并将项目名称添加到调试软件的项目树中，如图 1-43 所示。

4）单击图 1-43 中工具栏上的"可访问设备"按钮 ，弹出"Accessible nodes（可访问节点）"对话框（注意：必须先将变频器与计算机通过 USB 接口或 PN 接口相连接，而且已给变频器供电，在此，本书使用 USB 接口将变频器与计算机相连接）。

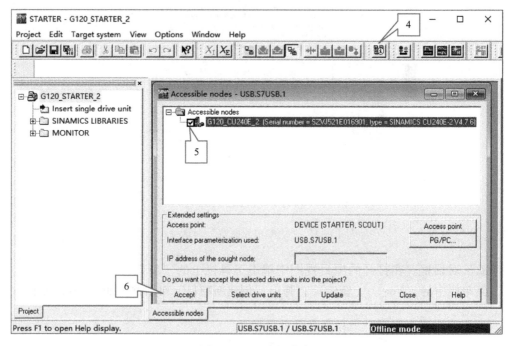

图 1-43 可访问节点

5）在"可访问节点"对话框中，勾选可搜索到的节点 G120_CU240E_2。

6）在"可访问节点"对话框中，单击"Accept（接受）"按钮 Accept ，此时会弹出"上传驱动单元到项目"进程框。

7）当上传驱动单元到项目完成时，会弹出如图 1-44 所示的提示信息，同时在调试软件的项目树中显示控制单元"G120_CU240E_2"文件夹，单击"Close（关闭）"按钮 Close ，关闭"上传驱动单元到项目"对话框。

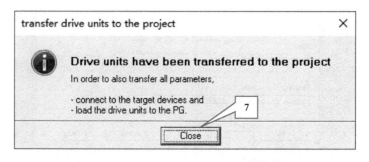

图 1-44 "上传驱动单元到项目"对话框

8）单击调试软件项目树控制单元文件夹中的"Configure drive unit（配置驱动单元）"选项，可弹出"配置功率单元"对话框（见图 1-40），在此使用在线方式配置功率单元。单击调试软件工具栏上的"Connect assigned devices（连接已指定的设备）"按钮 <img>，弹出指定目标设备的对话框，如图 1-45 所示。

9）在图 1-45 中单击"Connect to assigned devices（连接到指定设备）"按钮 `Connect to assigned devices`，将会弹出"Online/offline comparison（在线/离线比较）"对话框，如图 1-46 所示。

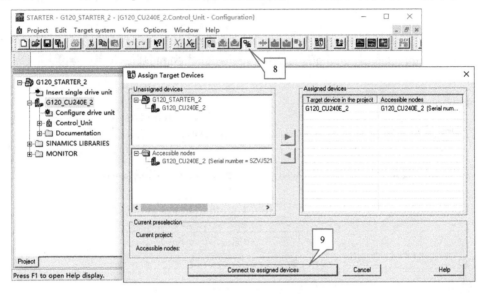

图 1-45　指定目标设备

10）在图 1-46 中可以看到功率单元 PM240-2 没有配置，要求上传该配置，此时单击"Load HW configuration to PG（上传硬件配置到编程设备）"按钮 `Load HW configuration to PG`。

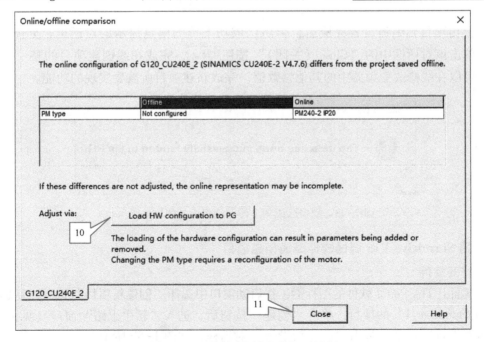

图 1-46　"在线/离线比较"对话框

11）上传硬件配置到编程设备完成后，单击"Close（关闭）"按钮 Close，关闭"在线/离线比较"对话框。同时，调试软件项目树中控制单元名称（G120_CU240E_2）及控制单元（Control_Unit）显示在线图标 ━▐━。

12）单击调试软件工具栏上的"Load project to PG（上传项目到编程设备）"按钮，弹出"上传到编程设备"对话框，如图1-47所示。

13）单击"上传到编程设备"对话框中"Yes（是）"按钮 Yes，确认上传操作。

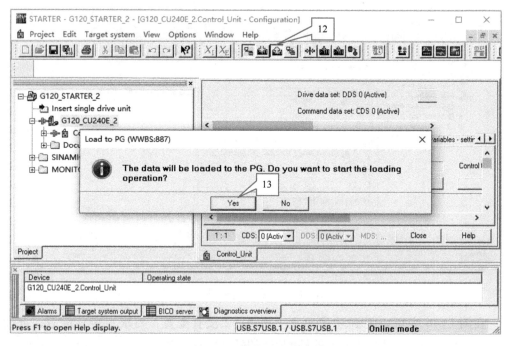

图1-47　上传到编程设备

14）上传项目到编程设置完成后，弹出已成功上传的信息提示的对话框，如图1-48所示，然后单击该对话框中的"Close（关闭）"按钮 Close，完成在线创建项目的整个过程。此时，用户可以在线修改变频器中的其他参数值，完成新建项目所需要实现的功能。

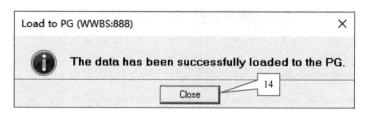

图1-48　数据已成功上传到编程设备的信息提示

3. 使用 Startdrive V16 调试软件离线创建项目

（1）打开软件

双击桌面上 TIA Portal 软件的图标，在启动窗口中选择"创建新项目"选项，新建一个名称"G120_Startdrive_1"的项目，单击"创建"按钮后，进入"新手上路"窗口（见图1-49），单击"组态设备"选项，弹出"添加新设备"对话框，如图1-50所示。

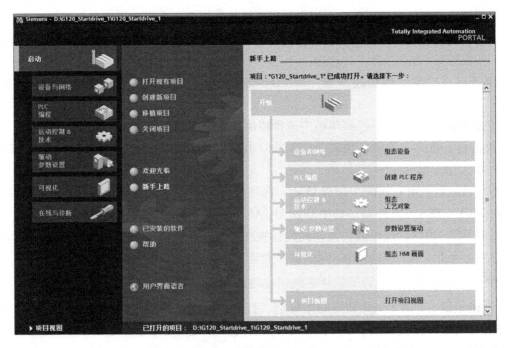

图 1-49 "新手上路"窗口

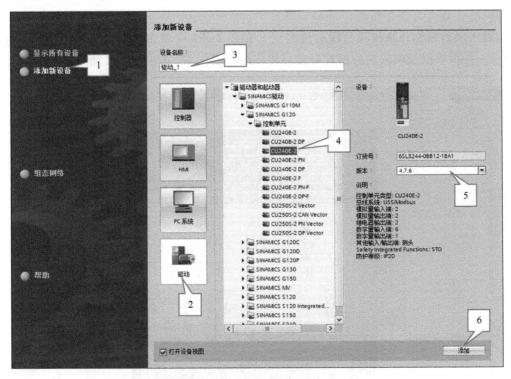

图 1-50 "添加新设备"对话框

（2）插入控制单元

① 在图 1-50 中单击"添加新设备"选项，在右侧弹出"添加新设备"对话框。

② 在右侧的"添加新设备"对话框选中"驱动"选项。

③ 在"设备名称"文本框中可以输入新的设备名称，也可以采用系统默认名称（驱动_1）。

④ 逐级打开"驱动器和起动器→SINAMICS G120→控制单元"文件夹，选中控制单元 CU240E-2。

⑤ 在右侧的"版本"下拉菜单栏中选择控制单元的版本号，如 4.7.6。

⑥ 单击右下角的"添加"按钮 添加 ，或双击选中的控制单元，打开项目的编辑视窗。

（3）插入功率单元

单击项目编辑视窗右侧的"硬件目录"选项卡，逐级打开"功率单元→PM240-2→1AC/3AC 200-240V→FSA"文件夹，选中 IP20 U 1AC/3AC 200V 0.55kW 的功率单元，其订货号为 6SL3210-1PB13-0ULx，按住后将拖动到设备视图中控制单元右侧后放开，此时功率单元添加到变频器中。至此，使用 Startdrive 调试软件创建项目完成。

4. 使用 Startdrive V16 调试软件在线创建项目

1）双击桌面上 TIA Portal 软件的图标 ，打开启动窗口，单击启动窗口左下角的"项目视图"选项，在打开的项目视图中单击工具栏上的"新建"按钮 ，或单击"项目"菜单栏中的"新建"，弹出"创建新项目"对话框，如图 1-51 所示。

2）在"创建新项目"对话框中，输入项目名称如"G120_Startdrive_2"，可以修改项目保存的"路径"，还可为项目添加"注释"等。

3）输入项目名称和修改项目保存路径后，在图 1-51 中单击"创建"按钮 创建 ，生成一个新项目，并将项目及项目名称添加到项目视图的项目树中，如图 1-52 所示。

图 1-51　创建新项目

4）单击图 1-52 中工具栏上的"可访问设备"按钮 🛗?，弹出"可访问的设备"对话框。

5）在"可访问的设备"对话框的"PG/PC 接口的类型"下拉菜单栏中选择"S7USB"，如果变频器与计算机通过 PN 接口相连接，则需选择"PN/IE"。

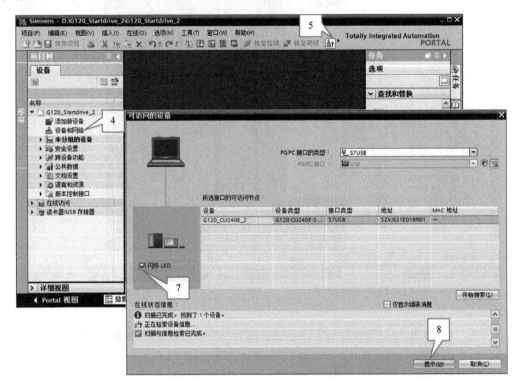

图 1-52　可访问的设备

6）在"可访问的设备"对话框中，单击"开始搜索"按钮 开始搜索(S)，这时计算机通过 USB 接口检索可访问的设备，当搜索到可访问的设备时，会将已扫描到的设备相关信息显示在"可访问的设备"对话框中，同时在下方的"在线状态信息"中显示设备搜索信息，而且左侧与计算机相连接的可访问设备四周出现橙色底纹的方框。

7）在"可访问的设备"对话框中，勾选左侧可访问的设备下方的"闪烁 LED"单选按钮，这时搜索到的可访问的设备（变频器）的"RDY（准备）"指示灯在绿色和橙色之间不断闪烁，若取消勾选，则"RDY"指示恢复为绿色。

8）在"可访问的设备"对话框中，单击"显示"按钮 显示(W)，此时所搜索的变频器控制单元会显示在项目树中，如图 1-53 所示。

9）右击项目树中在线访问的"USB［S7USB］"文件夹中的控制单元"G120_CU240E_2"，在弹出的菜单中选择"设备作为新站上载"选项，弹出"从设备中上传"对话框，如图 1-54 所示。

从设备装载组态过程需要一段时间，装载组态完成后，在巡视窗口的"信息"选项卡的"常规"属性中将显示项目上传完成相关信息，如图 1-55 所示。

至此，使用通过 Startdrive V16 调试软件在线方式创建的项目已完成，打开项目的"参数"列表后，会发现项目中所有参数值都是所连接变频器中已保存的参数值。

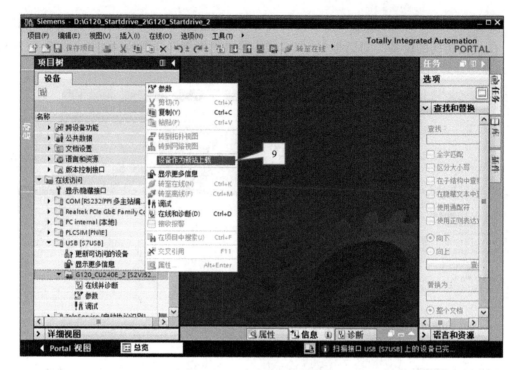

图 1-53　显示在线设备视窗

图 1-54　"从设备中上传"对话框

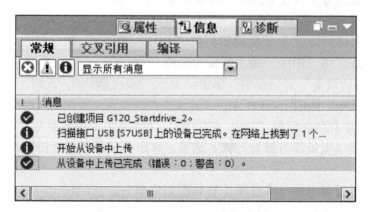

图 1-55　从设备中上传已完成的提示信息

1.5.3　任务拓展

使用 STARTER V5.4 或 Startdrive V16 调试软件创建一个新项目，要求不使用"向导"完成。

1.6　习题与思考

1. 简要描述三相交流异步电动机的工作原理。
2. 三相交流异步电动机的调速方法有哪些？
3. 简要描述变频器的发展历程。
4. 简要说明变频器的主要组成。
5. 描述控制单元 CU240E-2PN-F 各部分含义。
6. SINAMISC G120 系列变频器通常由哪几部分构成？
7. G120 系列变频器的调试面板有哪几种？
8. 简要说明 BOP-2 各按钮的作用。
9. 使用数字量输入时，如何连接 DC 24V 电源？
10. G120 系列变频器常用的调试软件有哪些？

第2章 G120 变频器的基本操作

本章重点介绍 G120 变频器的常用参数,使用基本操作面板 BOP、智能操作面板 IOP 和两种调试软件对变频器参数值的修改,使用调试软件对变频器进行恢复出厂设置、快速调试和在线面板控制电动机的运行等操作。通过本章学习,读者能掌握使用操作面板或调试软件对变频器进行简单的操作。

2.1 常用参数

由变频器驱动的电动机能否正常运行,正确设置变频器的参数是关键。西门子公司的变频器参数主要有两种,p 型参数是可读可改写参数,r 型参数为只读参数。

2.1.1 复位参数

当变频器参数设置比较混乱,或在调试期间电源中断,使调试无法结束,这时就需要对变频器参数进行复位,即将参数恢复到出厂设置值。恢复出厂设置不会影响通信和电动机标准设置(IEC/NEMA)。

对变频器参数复位后,将切断变频器电源,等待片刻,直到变频器上所有 LED 指示灯全部熄灭,然后再次给变频器上电,这样重新上电后,所做的设置才会生效。

执行变频器的参数复位操作相关参数见表 2-1。

表 2-1　复位操作相关参数

序　号	参　数	说　明	
1	p0003	存取权限级别	选择 3(专家级)或 4(维修级)
2	p0010	驱动调试参数筛选	选择 30(参数复位)
3	p0970	驱动器参数复位	选择 1(开始参数复位)

2.1.2 快速调试参数

快速调试就是通过设置电动机参数、变频器的命令源、速度设定源等基本参数,达到简单快速运转电动机的一种操作模式。

快速调试操作相关参数见表 2-2。

表 2-2　快速调试操作相关参数

序　号	参　数	说　明	
1	p0010	驱动调试参数筛选	1:快速调试;0:就绪
2	p0304	电动机额定电压	根据电动机铭牌数据设置
3	p0305	电动机额定电流	根据电动机铭牌数据设置

（续）

序　号	参　数	说　明	
4	p0307	电动机额定功率	根据电动机铭牌数据设置
5	p0310	电动机额定频率	根据电动机铭牌数据设置
6	p0311	电动机额定转速	根据电动机铭牌数据设置
7	p0335	电动机冷却类型	0：自然冷却；1：风冷；2：水冷；128：无风扇
8	p0640	电流限制	根据实际需要设置
9	p1080	最小转速	根据实际需要设置
10	p1082	最大转速	根据实际需要设置（建议不超过电动机额定转速）
11	p1120	上升时间	根据实际需要设置
12	p1121	下降时间	根据实际需要设置
13	P3900	快速调试结束	选择 1 或 3（快速完成电动机调试参数）

2.1.3　接口宏参数

G120 变频器采用驱动设备宏指令，参数为 p0015，当选择不同宏指令时，相关端子输入/输出功能便已确认，如何采用系统默认设置，则按相应宏指令进行线路连接便可实现相应功能。当系统默认设置不能满足用户需求时，可根据实际情况对输入/输出端子进行重新定义。

2.1.4　数字量及模拟量参数

数字量输入端子常定义为电动机的起停信号或多段速控制信号，相关参数见表 2-3。

表 2-3　数字量输入相关参数

序　号	参数	说　明				
			位	端子编号	数字量输入	允许选择的设置
1	r0722	控制单元输入端子状态	.0	端子 5	DI0	p0840：ON/OFF（OFF1） p0844：无惯性停车（OFF2） p0848：无快速停车（OFF3） p0848：强制打开抱闸 p1020：转速固定设定值选择，位 0 p1021：转速固定设定值选择，位 1 p1022：转速固定设定值选择，位 2 p1023：转速固定设定值选择，位 3 p1035：电动电位器设定值升高 p1036：电动电位器设定值降低 p2103：应答故障 p1055：JOG，位 0 p1056：JOG，位 1 p1110：禁止负向 p1111：禁止正向 p1113：设定值取反 p1122：跨接斜坡函数发生器 p1140：使能/禁用斜坡函数发生器 p1141：激活/冻结斜坡函数发生器 p1142：使能/禁用设定值 p1230：激活直流制动 p2103：应答故障 p2106：外部故障 1 p2122：外部故障 2 p2200：使能工艺控制器
			.1	端子 6、64	DI1	
			.2	端子 7	DI2	
			.3	端子 8、65	DI3	
			.4	端子 16	DI4	
			.5	端子 17、66	DI5	
			.6	端子 67	DI6	
			.7	端子 3、4	AI0	
			.8	端子 10、11	AI1	
2	p1000	转速设定值选择	0：无主设定值；1：电动电位计；2：模拟设定值；3：转速固定；6：现场总线			

（续）

序　号	参　数	说　　明	
3	p1001	转速固定设定值 1	
4	p1002	转速固定设定值 2	
5	p1003	转速固定设定值 3	
6	p1004	转速固定设定值 4，直到转速固定设定值 15（对应参数 p1015）	
7	p1016	固定频率选择	0：直接频率；1：二进制

数字量输出端子常定义为电动机的运行状态输出，相关参数见表 2-4。

表 2-4　数字量输出相关参数

序　号	参　数	说　　明	
1	p0730	端子 DO0 的信号源	允许选择的设置： 52.0：接通就绪 52.1：运行就绪 52.3：故障 52.7：报警 52.10：速度上限 52.13：电动机温度过高 52.14：电动机正向运行
		端子 18 和 20 为常闭触点 端子 19 和 20 为常开触点	
2	p0731	端子 DO1 的信号源	
		端子 21 和 22 为常开触点	
3	p0732	端子 DO2 的信号源	
		端子 23 和 25 为常闭触点 端子 24 和 25 为常开触点	

模拟量输入端子常定义为电动机的运行速度，相关参数见表 2-5。

表 2-5　模拟量输入相关参数

序　号	参　数	说　　明			
1	p0755	模拟量输入，当前值［%］	[0]：AI0；[1]：AI1		
2	p0756	模拟量输入类型	下标[0]	端子 3 和 4	模拟量输入 AI0	允许选择的设置： 0：单极性电压输入（0~10 V） 1：单极性电压输入，受监控（2~10 V） 2：单极性电流输入（0~20 mA） 3：单极性电流输入，受监控（4~20 mA） 4：双极性电压输入（-10~10 V）
			下标[1]	端子 10 和 11	模拟量输入 AI1	
3	p0757	0	0 V 或 0 mA 对应 0% 的标度，即频率为 0 Hz		
4	p0758	0			
5	p0759	10 或 20	10 V 或 20 mA 对应 100% 的标度，即频率为 50 Hz		
6	p0760	100			
7	p0761	死区宽度	可根据实际需要设定		

模拟量输出端子常定义为根据电动机的某个运行状态输出一定大小的模拟值，相关参数见表 2-6。

表 2-6　模拟量输出相关参数

序　号	参　数	说　明				
1	p0771	模拟量输出信号源	下标[0]	端子 12 和 13	模拟量输入 AO0	允许选择的设置： 0：封锁模拟量输出 21：转速实际值 25：输出电压值 26：直流母线电压值 27：输出电流值
			下标[1]	端子 26 和 27	模拟量输入 AO1	
2	p0756	模拟量输出类型	下标[0]	端子 12 和 13	模拟量输入 AO0	允许选择的设置： 0：电流输出（0～20 mA） 1：电压输出（0～10 V） 2：电流输出（4～20 mA）
			下标[1]	端子 26 和 27	模拟量输入 AO1	
3	p0777	0	0% 的标度对应输出 0 V 或 0 mA 或 4 mA			
4	p0778	0 或 4				
5	p0779	100	100% 的标度对应输出 10 V 或 20 mA			
6	p0780	10 或 20				

2.1.5　通信类参数

在变频器与控制器相距较远，或变频器与控制器之间输入/输出线路连接较复杂时，常采用通信方式进行连接，与通信相关的参数见表 2-7。

表 2-7　通信类参数

序　号	参　数	说　明	
1	p1070	主设定值	允许选择的设置： 0：无主设定值 755[0]：AI0 值 755[1]：AI1 值 1024：固定设定值 1050：电动电位器 2050[1]：现场总线的 PZD 2
2	p2020	通信比特率（单位：bit/s）	允许选择的设置： 4：2400 5：4800 6：9600 7：19200 8：38400 13：187500
3	p2021	PROFIBUS 总线接口地址	根据实际需要设置
4	p2030	现场总线接口的协议选择	允许选择的设置： 0：无协议 1：USS 2：Modbus RTU 3：PROFIBUS 7：PROFINET
5	p2040	总线接口监控时间（单位：ms）	根据实际需要设置

2.2 修改参数

码 2−1 使用 BOP−2 面板修改参数

2.2.1 使用 BOP−2 修改参数

在此主要介绍使用 BOP−2 进行 G120 变频器运行状态的监控和修改参数操作（有些参数必须在 p0010=1 的前提下才可以修改），通过这两种操作的学习，可掌握 BOP 的基本使用方法。

1. 监控

使用 BOP−2 对 G120 变频器及电动机系统实际状态进行监控操作见表 2−8。

表 2−8　使用 BOP−2 对 G120 变频器及电动机系统实际状态进行监控

操　　作	屏幕显示内容
1. 通过使用▲键和▼键移动菜单栏至所需要的菜单，按 OK 键确认选择并显示顶层菜单	MONITOR
2. 默认屏幕显示设定值，设定值下方显示电动机的实际转速	SP　1500.0 1/min　1500.0 1/min
3. 电压输出屏幕显示变频器供给所连接电动机的实际输出电压	VOLT OUT　400.0 V
4. 直流母线屏幕显示穿过直流母线端子的实际直流电压	DC LNK V　629.6 V
5. 电流输出屏幕显示变频器输出到电动机的实际输出电流	CURR OUT　10.0 A
6. 屏幕显示电动机运行的实际频率（Hz）	FREQ　0.0 Hz

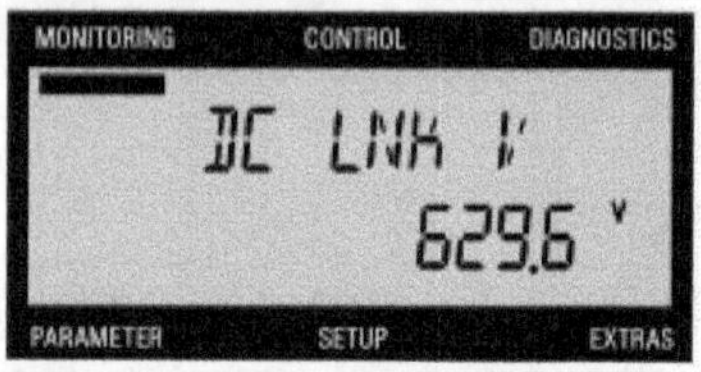

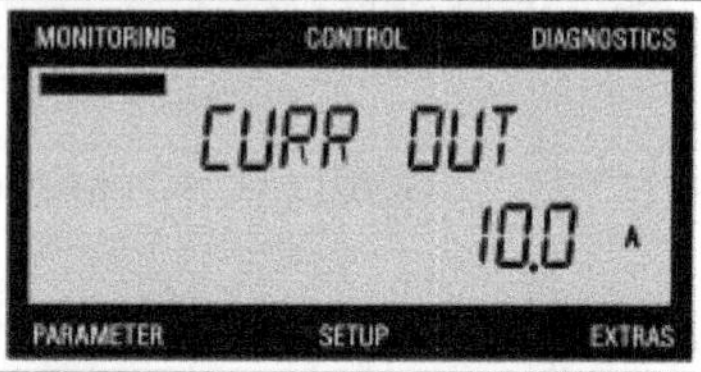

（续）

操　　作	屏幕显示内容
7. 屏幕显示电动机的实际转速（RPM）和变频器输出到电动机的实际输出电流	MONITORING　CONTROL　DIAGNOSTICS 0.0 1/min 0.00 A PARAMETER　SETUP　EXTRAS
8. 电压和电流屏幕显示变频器供给电动机的实际电压和变频器输出到电动机的实际电流	MONITORING　CONTROL　DIAGNOSTICS 400.0 V 10.0 A PARAMETER　SETUP　EXTRAS
9. 电压和转速屏幕显示变频器供给电动机的实际电压和电动机的实际转速（r/min）	MONITORING　CONTROL　DIAGNOSTICS 400.0 V 1500.0 1/min PARAMETER　SETUP　EXTRAS

2. 修改参数

选择一个参数有两种方法：①使用▲和▼键在显示参数上滚动；②长按（超过 3 s）ᴼᴷ键将允许用户输入所需的参数。

使用以上任何一种方法，按一次ᴼᴷ将显示所需的参数和参数的当前值。在此期间的任何时候按ᴱˢᶜ键超过 3 s，BOP-2 将返回到顶层监控菜单，短暂按ᴱˢᶜ键将返回上一页，不会保存任何更改。

修改参数有两种方法：单位数编辑或滚动。

（1）单位数

使用单位数方法修改参数步骤见表 2-9。

表 2-9　使用单位数方法修改参数步骤

操　　作	屏幕显示内容
1. 使用▲键和▼键导航到"参数（PARAMETER）"菜单，并按ᴼᴷ键确认（如果屏幕显示内容是监控界面下，可按ᴱˢᶜ键退出监控状态）	MONITORING　CONTROL　DIAGNOSTICS PARAMS PARAMETER　SETUP　EXTRAS
2. 使用▲键和▼键选择所需要的过滤器（分标准参数和专家参数两种），并按ᴼᴷ键确认参数过滤器的选择	MONITORING　CONTROL　DIAGNOSTICS STANDARD FILTEr PARAMETER　SETUP　EXTRAS MONITORING　CONTROL　DIAGNOSTICS EXPERT FILTEr PARAMETER　SETUP　EXTRAS

（续）

操　作	屏幕显示内容
3. 使用▲键和▼键选择需要编辑的参数号（如 p0327）	
4. 按住OK键直至参数号的第一个数字闪烁，再使用▲和▼键修改第一个数字值，此处为 0	
5. 按OK键接受修改值，此时序列中的下一个（第 2 个）数字开始闪烁	
6. 使用▲键和▼键修改当前数字值（第 2 个数字值），将其修改为 1，然后按OK 1 键接受修改值，此时序列中的下一个（第 3 个）数字开始闪烁	
7. 使用▲键和▼键修改当前数字值（第 3 个数字值），将其修改为 2，然后按OK键接受修改值，此时序列中的下一个（第 4 个）数字开始闪烁	
8. 使用▲键和▼键修改当前数字值（第 4 个数字值），将其修改为 1，然后按OK键接受修改值，此时序列中的下一个（第 7 个）数字开始闪烁	
9. 使用▲键和▼键修改当前数字值（第 5 个数字值），将其修改为 1，然后按OK键接受修改值。按上述方法修改参数号直到序列的所有数字都被修改为所需的数字。最后按OK键，显示参数或与输入参数值最接近的参数值，如此处的参数号为 p01211	
10. 按OK键编辑显示的参数值 按住OK键直至参数值闪烁，使用▲键和▼键修改第一个数字值，按OK键接受修改值，序列中的下一个数字开始闪烁，按上述方法继续修改，直到序列的所有数字都被修改为所需的数字。最后按OK键接受修改值。修改好所有所需参数后，按ESC键返回到上一页或长按该键返回到顶层监控菜单	

注：1. 在单位数输入时按 1 次ESC键，重新开始单位数输入。也就是说，如果在编辑第 5 位数时按ESC键，则将返回到第 1 位数。在单位数输入时按 2 次ESC键，退出单位数输入模式。

2. 这两种编辑方法，滚动或单位数输入可用于编辑显示的任何数值，如参数、指标和设定值。

（2）滚动

使用滚动方法修改参数步骤见表 2-10。

表 2-10　使用滚动方法修改参数步骤

操　作	屏幕显示内容
1. 使用 ▲ 键和 ▼ 键在所需的参数数字上滚动，按 OK 键选择参数（如 P327），此时待修改的参数值开始闪烁，并在右下角显示该参数的当前数值	MONITORING　CONTROL　DIAGNOSTICS P327 90.0 PARAMETER　SETUP　EXTRAS
2. 使用 ▲ 键和 ▼ 键修改参数值，如 65.1	MONITORING　CONTROL　DIAGNOSTICS P327 65.1 PARAMETER　SETUP　EXTRAS
3. 按 OK 键后屏幕短暂显示 BUSY，然后接受修改值，此时被修改的参数号数字又开始闪烁	MONITORING　CONTROL　DIAGNOSTICS P327 65.1 PARAMETER　SETUP　EXTRAS
4. 使用 ▲ 键和 ▼ 键滚动参数数字，修改另一个参数。或按 ESC 键返回到上一页，或长按 ESC 键返回到顶层监控菜单	MONITORING　CONTROL　DIAGNOSTICS MONITOR PARAMETER　SETUP　EXTRAS

在 BOP-2 中的"SETUP（设置）"菜单，是按固定顺序显示屏幕，从而允许用户执行变频器的基本调试。一旦一个参数值被修改，就不可能取消基本调试过程。在这种情况下，必须完成基本调试过程。如果没有修改参数值，短暂按 ESC 键返回上一页或长按（超过 3 s）返回到顶层监控菜单。当一个参数值被修改，新的数通过按 OK 键确认，之后将自动显示基本调试顺序中的下一个参数。在此，有关设置菜单内容不做详细介绍。

2.2.2　使用 IOP-2 修改参数

在此主要介绍使用 IOP-2 通过"按编号搜索"方式修改参数值，其步骤见表 2-11。

码 2-2　使用 IOP 面板修改参数

表 2-11　使用 IOP-2 修改参数步骤

操　　作	屏幕显示内容
1. 从 IOP 屏幕底部的 3 个选项中通过旋转滚轮选择"菜单"选项	实际转速平滑　−3000　～　−3000　0r/min　输出电压平滑　0　～　1000　向导　控制系统　菜单
2. 按下"OK"键，显示"菜单"中的所有选项，旋转滚轮选择"参数"	菜单　诊断　参数　向导　上传/下载　附加
3. 按下"OK"键，从"参数"菜单中选择"按编号搜索"	参数　参数组　按编号搜索　我的参数　更改的参数
4. 按下"OK"键，显示参数号 00000，光标停留在第一位参数号上	按编号搜索　输入参数编号　旋转滚轮并按OK　00000
5. 通过旋转滚轮并按下"OK"键便可设定第 1 位参数号，同时光标移至第 2 位参数号上，再旋转滚轮并按下"OK"键便可设定第 2 位参数号，同时光标移至第 3 位参数号上，用此方法便可设定参数号的所有位，如输入 07761。如果当参数号设定完成后，发现前面某位号输入错了，可以通过多次按下"ESC"键返回该位，重新设定	按编号搜索　如需输入一个参数号　转动手轮并按下"确认"按钮　07761
6. 显示屏将在"所有参数"中自动显示该参数。写保护参数突出显示。注意写保护功能的当前状态显示在参数名称之下。按下"OK"键选择该参数	所有参数　r7760　开启写保护/KHP　p7761　写保护　0取消写保护　r7903　任意硬件采样时间　r8570　宏数字量输出　p8991　访问USB存储器　p9301　SI转矩使能P2

（续）

操　作	屏幕显示内容
7. 选择 "1：Act wr-protect" 以激活写保护功能，按下 "OK" 键以确认选择	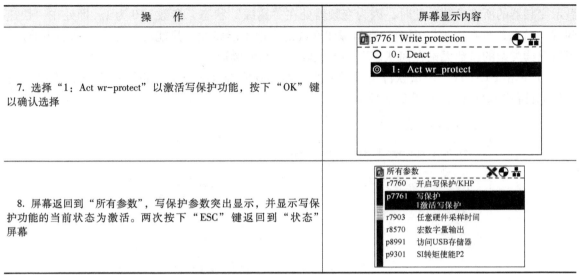
8. 屏幕返回到 "所有参数"，写保护参数突出显示，并显示写保护功能的当前状态为激活。两次按下 "ESC" 键返回到 "状态" 屏幕	

注：如果要撤销写保护功能，步骤同上但必须选择 "0：Deact"。

2.2.3　使用调试软件修改参数

1. STARTER 调试软件

使用 STARTER 调试软件新生成的项目中所有参数均为出厂设置值，用户必须根据实际使用情况修改变频器部分参数方能满足使用要求。使用调试软件 STARTER 修改变频器参数步骤如下。

1）使用 STARTER 调试软件创建项目后，即已添加控制单元和功率单元（见图 2-1），双击项目树 "G120_CU240E_2" 打开其文件夹。

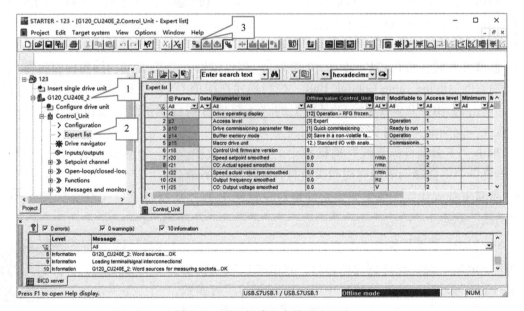

图 2-1　项目创建及参数列表视窗

2）双击"Control_Unit（控制单元）"文件下的"Expert list（参数列表）"，在右侧窗口中显示变频器的所有参数。此时，因为变频器处在"离线"状态，参数 p10 为 1，即处在"快速调试"状态，且在"值"列中带有斜虚线底纹的参数不能修改，只能在"在线"状态下修改，当然只读类型的参数无论在何状态下都不能修改，只能读取。

3）单击 STARTER 调试软件工具栏上的"连接到所选择的目标设备"按钮 <img>，弹出"选择目标设备"对话框，如图 2-2 所示。

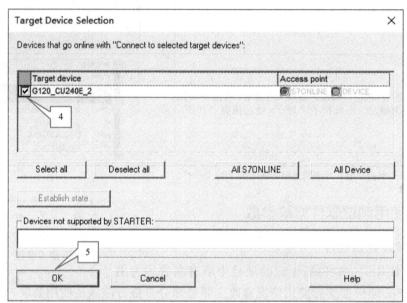

图 2-2 "选择目标设备"对话框

4）在"选择目标设备"对话框中勾选"G120_CU240E_2"。

5）单击"选择目标设备"对话框左下角的"OK"按钮 OK，计算机与变频器的控制单元连接成功后，项目树中控制单元左侧将显示绿色的图标 G120_CU240E_2，同时在调试软件的最下方右侧显示"在线模式"信息 Online mode 。

6）修改参数时，可在"Parameter（参数）"列直接输入参数编号，待光标直接跳至该参数处，然后在"Online value Control_Unit（控制单元在线值）"列直接修改。在线修改完所有参数后，单击 STARTER 调试软件工具栏上的"下载项目到目标系统"按钮 <img>，弹出"下载到目标系统"对话框，如图 2-3 所示。

7）单击"下载到目标系统"对话框中的"Yes"按钮 Yes 。下载成功后，在调试软件下方的输出窗口中将会显示下载完成相关信息，如图 2-4 所示。

8）项目下载成功后，单击调试软件窗口工具栏上的"从目标系统中分离"按钮 <img>，即转到"离线"状态。

2. Startdrive 调试软件

使用 Startdrive 调试软件创建项目后，双击项目树"驱动_1"文件下的"参数"，在右侧窗口中显示变频器的所有参数，再单击"参数视图"标签，将会显示所有参数（注意：参数视图中所显示的所有参数与用户所选择变频器的控制单元相匹配）。此时，因为变频器处在

码 2-4 使用 Startdrive 调试软件修改参数

"离线"状态，参数 p10 为 1，即处在"快速调试"状态，且在"值"列中带有图标 ，表示此参数不能修改，只能对所有无底纹的可读写参数进行更改，如图 2-5 所示。

在"离线"状态下修改的参数只能保存在计算机的项目中，只有通过"在线"状态下载到变频器的控制单元中才能起作用。

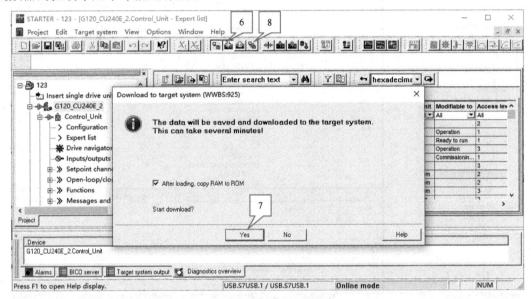

图 2-3　下载到目标系统

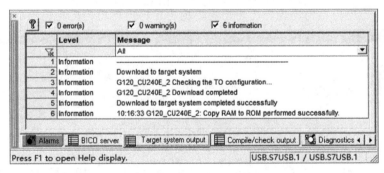

图 2-4　项目下载后信息显示窗口

（1）更新可访问设备

1）单击打开项目树中"在线访问"文件夹，如图 2-5 所示。

2）如果项目中使用的控制单元是 CU 240E-2，则再打开"USB［S7USB］"文件夹；如果项目中使用的控制单元是 CU 240E-2 PN，再打开"USB［S7USB］"文件夹或"Realtek PCIe GbE Family Controller"文件夹，如图 2-5 所示。控制单元 CU 240E-2 通过 USB 接口与计算机相连接，控制单元 CU 240E-2 PN 可通过 USB 接口或 PN 接口与计算机相连接。在此，使用的控制单元为 CU 240E-2，此时双击"USB［S7USB］"文件夹下的"更新可访问的设备"选项，在右侧下方的巡视栏可显示在网络上是否找到可访问的设备，同时，在"USB［S7USB］"文件夹显示可访问的设备文件夹"G120_CU240E_2"（见图 2-5）。

3）也可以通过以下方式查询可访问设备：单击调试软件工具栏上的"可访问的设备"按钮 ，弹出"可访问的设备"对话框（见图 2-6）。

图 2-5 Startdrive 调试软件创建项目及参数视窗

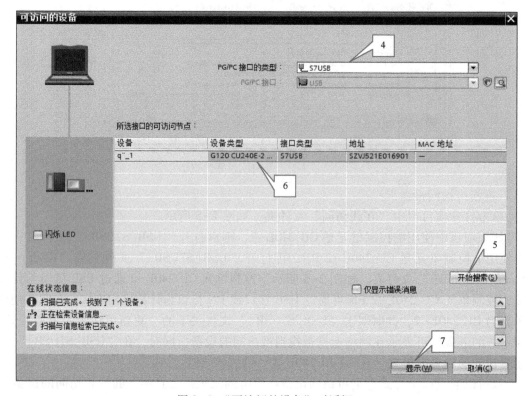

图 2-6 "可访问的设备"对话框

4）在"可访问的设备"对话框中，在"PG/PC 接口的类型"下拉列表框中选择"S7USB"选项（计算机与变频器通过 USB 接口相连接），如果通过 PN 接口相连接则选择"PN/IE"。

5）单击右下方的"开始搜索"按钮 开始搜索(S)，当搜索到控制单元时，将其相关信息显示在"所选接口的可访问节点"列表框中。

6）在"可访问的设备"对话框中，选中已搜索到的控制单元。

7）然后单击"显示"按钮 显示(W)，则可访问的设备将在项目树的"在线访问"文件夹中显示。

（2）转至在线

1）单击项目树中的驱动单元名称"驱动_1［G120 CU240E-2］"，如图 2-7 所示。

图 2-7　项目在线视窗

2）单击调试软件工具栏上的"转至在线"按钮 转至在线，弹出"转至在线"对话框（见图 2-8），左侧可以看到计算机与控制单元之间已相连，控制单元四周有一个无底色填充的方框，右侧可以看到 PG/PC 接口的类型是"S7USB"，PG/PC 接口是"USB"，在"选择目标设备"下拉列表框中选择"显示所有兼容的设备"。

3）单击右下方的"开始搜索"按钮 开始搜索(S)，此时计算机与控制单元进行连接，连接成功后，控制单元四周出现一个用橙色填充的方框，右侧则显示控制单元相关信息（如控制单元类型、设备类型、接口类型等）。

4）单击右下角的"转至在线"按钮 转至在线(G)，计算机则与控制单元进行在线连接。此时，编辑区的标题带有橙色底色，同时，项目名称（G120_Startdrive_1）及驱动单元名称（驱动_1）右侧出现带勾的方框，如图 2-8 所示。

（3）修改参数

在"在线"状态下可直接修改参数，注意所有"值"列中带有图标 🔒 的参数若需修改，则必须先将参数 p0010 修改为 1，此时图标 🔒 消失，然后便可在参数行对应"值"列的修改，参数值修改完成后，再将参数 p0010 修改为 0。

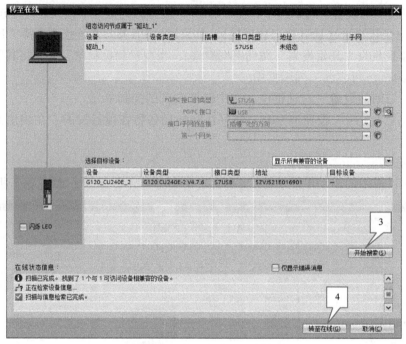

图 2-8 "转至在线"对话框

可通过参数视图窗口右侧的上下滚动条向上或向下拖动，查找所需要修改参数的参数号，也可以将鼠标放在参数视图窗口中"编号"列，然后输入所需要修改的参数号，按下计算机键盘上的〈Enter〉键便可迅速查找到该编号的参数，再进行参数值的修改。

"在线"状态下所修改的参数在切换到"离线"状态时，会弹出"确定要备份参数吗？"对话框，单击"是"按钮，则"在线状态"下所修改的参数就会保存到变频器中。

（4）项目下载

在"离线"状态下修改参数完成后，选中项目树中的设备名称（如驱动_1），单击调试软件工具栏上的"下载"按钮![]，首次下载时会弹出"PG/PC"接口类型选择对话框，在搜索到变频器的控制单元后，选中该控制单元，单击"下载"按钮，然后进行项目下载前检查，检测结束后再单击"装载"按钮进行项目的下载（见图 2-9）。下载完成后，在项目巡视窗口的"信息"选项卡的"常规"属性中将显示"下载完成（错误：0；警告：0）"信息。

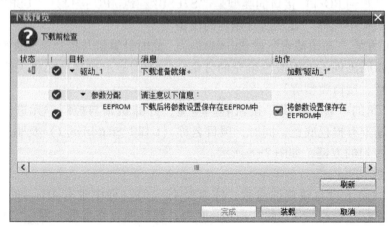

图 2-9 "下载预览"对话框

2.3　案例 2　G120 变频器的参数设置

2.3.1　任务导入

使用变频器驱动控制电动机运行时，主要是设置正确的运行参数，而掌握对参数值的修改是必要前提，即会通过面板或调试软件对变频器的参数值进行修改。

本案例主要任务是通过 BOP-2 对变频器中电动机的"额定电压"参数 p304 进行修改，修改值为 400 V。

2.3.2　任务实施

修改电动机的额定参数时，必须先将参数 p0010 修改为 1，然后才能修改电动机的额定电压参数，修改完成后再将参数 p0010 修改为 0，否则变频器将无法运行。

码 2-5　G120
变频器参数复位

修改电动机额定电压参数步骤见表 2-12。

表 2-12　修改电动机额定电压参数步骤

操 作	屏幕显示内容
1. 按 SC 键使变频器退出监控状态，使用 ▲ 键或 ▼ 键导航到参数菜单，并按 OK 键选择参数菜单，再使用 ▲ 键或 ▼ 键选择对"标准参数"的修改	MONITORING　CONTROL　DIAGNOSTICS STANDARD FILTEr PARAMETER　SETUP　EXTRAS
2. 按 OK 键确认，此时屏幕显示只读参数 r2，使用 ▲ 键将参数调至 p10，此时参数 p10 闪烁	MONITORING　CONTROL　DIAGNOSTICS P10 0 PARAMETER　SETUP　EXTRAS
3. 按 OK 键确认，此时参数值 0 闪烁，使用 ▲ 键（可长按）将参数值修改为 1	MONITORING　CONTROL　DIAGNOSTICS P10 1 PARAMETER　SETUP　EXTRAS
4. 按 OK 键确认，此时屏幕出现短暂的显示信息"BUSY"，然后参数 p10 闪烁，表示当前参数已设置完成，再使用 ▲ 键将参数调至 p304，此时参数 p304 闪烁	MONITORING　CONTROL　DIAGNOSTICS P304 230 V PARAMETER　SETUP　EXTRAS
5. 按 OK 键确认，此时参数值 230 闪烁，使用 ▲ 键将参数值修改为 400	MONITORING　CONTROL　DIAGNOSTICS P304 400 V PARAMETER　SETUP　EXTRAS

（续）

操 作	屏幕显示内容
6. 按 OK 键确认，此时屏幕出现短暂的显示信息 "BUSY"，然后参数 p304 闪烁，表示当前参数已设置完成，再使用 ▼ 键将参数调至 p10，此时参数 p10 闪烁	MONITORING CONTROL DIAGNOSTICS P 10 1 PARAMETER SETUP EXTRAS
7. 按 OK 键确认，此时参数值 1 闪烁，使用 ▼ 键将参数值修改为 0。按 OK 键确认，此时屏幕出现短暂的显示信息 "BUSY"，然后参数 p10 闪烁，表示当前参数已设置完成	MONITORING CONTROL DIAGNOSTICS P 10 0 PARAMETER SETUP EXTRAS
8. 按 ESC 键返回到参数筛选界面	MONITORING CONTROL DIAGNOSTICS STANDARD FILtEr PARAMETER SETUP EXTRAS
9. 按 ESC 键直至返回到屏幕显示 "MONITOR" 菜单，再按 OK 键使界面返回到监控信息显示界面，至此 p304 参数值修改完成	MONITORING CONTROL DIAGNOSTICS SP 0.0 1/min 0.0 1/min PARAMETER SETUP EXTRAS

2.3.3　任务拓展

使用基本面板 BOP-2 将"上升时间"参数 p1120 的值修改为 5，或使用智能操作面板 IOP-2 或 STARTER V5.4 或 Startdrive V16 调试软件进行上述任务的操作。

2.4　使用调试软件恢复出厂设置

在 2.1.1 节已介绍变频器的复位出厂设置相关的参数，若使用面板操作，可按 2.3.2 节介绍内容分别将 p0010 参数值修改为 30，p0970 参数值修改为 1。本节主要介绍使用调试软件 STARTER 和 Startdrive 对变频器进行恢复出厂设置。恢复出厂设置又称为复位。

2.4.1　使用 STARTER 调试软件复位

1. 打开调试软件

打开 STARTER 调试软件，创建一个新项目，如"G120_ STARTER_tiaoshi"。

2. 添加控制单元和功率单元

按 1.5 节介绍的方法添加变频器的控制单元和功率单元。

码 2-6　使用 STARTER 调试 软件复位

3. 转至在线

按 2.2.3 节介绍方法，将新建的项目转至在线状态。

4. 恢复出厂设置

恢复出厂设置步骤如图 2-10 所示。

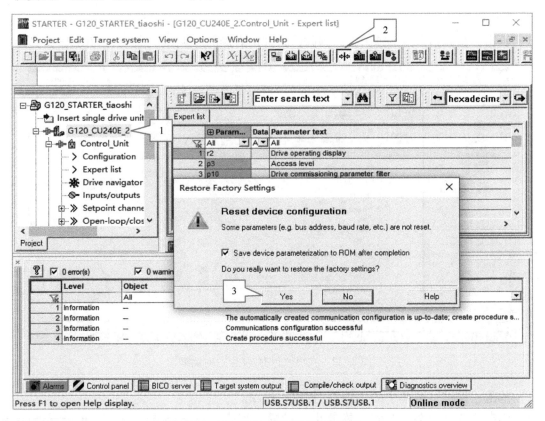

图 2-10　恢复出厂设置操作步骤

1) 单击调试软件窗口中的控制单元名称。

2) 单击调试软件窗口工具栏上的"恢复出厂设置"按钮。

3) 在弹出的"恢复出厂设置"对话框中单击"Yes"按钮，然后弹出"恢复出厂设置"进程对话框，如图 2-11 所示。复位完成后，"恢复出厂设置"进程对话框消失。

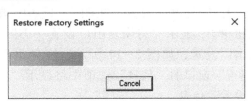

图 2-11　"恢复出厂设置"进程对话框

2.4.2　使用 Startdrive 调试软件复位

1. 打开调试软件

打开 Startdrive 调试软件，创建一个新项目，如"G120_Startdrive_tiaoshi"。

码 2-7　使用 Startdrive 调试软件复位

2. 添加控制单元和功率单元

按 1.5 节介绍的方法添加变频器的控制单元和功率单元。

3. 转至在线

按 2.2.3 节介绍方法，将新建的项目转至在线状态。

4. 复位出厂设置

1）双击"驱动_1"文件夹中的"调试"，弹出右侧的"调试"菜单，如图 2-12 所示。

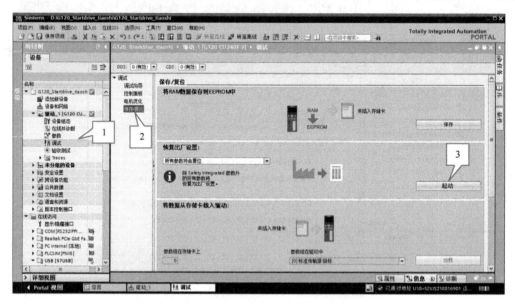

图 2-12　在线"保存/复位"对话框

2）单击"调试"菜单中的"保存/复位"选项。

3）单击"调试"菜单右侧"恢复出厂设置"列表框中的"起动"按钮 起动 ，弹出"恢复出厂设置"确认对话框，如图 2-13 所示。

4）恢复出厂设置。在图 2-13 中，单击"确认"按钮 确定 ，显示"将恢复出厂设置……"，表明正在恢复出厂设置，如图 2-14 所示。恢复出厂设置后，在"巡视"窗口的"信息"选项中将显示"已成功恢复出厂设置"信息。

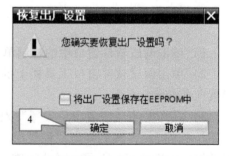

图 2-13　"恢复出厂设置"确认对话框

图 2-14　正在恢复出厂设置

也可以在不添加变频器的控制单元和功率单元的前提下，打开调试软件后，在"在线状态"下通过"调试"方式直接对在线的变频器进行恢复出厂设置。

2.5　快速调试

2.5.1　使用面板操作进行快速调试

在此主要介绍使用 IOP-2 进行变频器的快速调试操作，步骤见表 2-13。

表 2-13　IOP-2 的快速调试操作步骤

操　　作	屏幕显示内容
1. 通过"滚轮"选择"向导"，然后按下滚轮确认，在"向导"菜单中选择"基本调试…"	✹ 向导 基本调试… 开环压缩机… 固定闭环压缩机… 开环风扇… 固定闭环风扇… 开环泵… 固定闭环泵…
2. 选择"是"，恢复出厂设置	✹ 基本调试 恢复出厂设置 ◉ 是 ○ 否
3. 选择连接电机的控制模式	✹ 基本调试 控制模式 ◉ 具有线性特性的V/f控制 ○ 带FCC(磁通电流控制)的V/f ○ 控制 ○ 具有平方特性的V/f控制 ○ 具有可编程特性的V/f控制 ○ 具有线性特性的V/f控制
4. 选择变频器和连接电机的正确电机数据。该数据用于计算该应用的正确速度和显示值	✹ 基本调试 电机数据 ◉ 欧洲50Hz, kW ○ 北美60Hz, HP ○ 北美60Hz, kW
5. 选择"是［输入电机数据］"，手动输入电机铭牌上的电机数据	✹ 基本调试 选择电机铭牌数据 ◎ 是[输入电机数据] ○ 否[输入电机代码]

（续）

操　作	屏幕显示内容
6. 或者选择"否［输入电机代码］"，输入电机铭牌上的电机代码 7. 系统会自动输入所有相关电机数据，之后 IOP 会显示一些针对以上选择（步骤 5 或 6）的屏幕。在适当的输入栏中输入相关数据，将自动进入调试过程。输入电机数据后，系统会显示以下步骤	☀ 基本调试 选择电机铭牌数据 ○ 是［输入电机数据］ ◎ 否［输入电机代码］
8. 选择运行或禁用电机数据识别功能 激活此功能后，只有当变频器接收到首次运行命令后才会开始运行	☀ 基本调试 电机数据识别 ○ 禁止 ◎ 识别停止且为红色 ○ 识别停止
9. 选择带零脉冲或不带零脉冲的编码器 如果电机未安装编码器，则不显示该选项	☀ 基本调试 编码器类型 ◎ 不带零脉冲 ○ 带零脉冲
10. 输入每转的编码器脉冲 该信息通常印在编码器套管上	☀ 基本调试 每转的编码器脉冲 ↑ 20000 □1024　脉冲 ↓ 2
11. 选择所需的宏源	☀ 基本调试 宏源 ◎ 带模拟设定值的标准I/O ○ 2线控制（正向/反向1） ○ 2线控制（正向/反向2） ○ 3线控制（使能/正向/反向） ○ 3线控制（使能/启动/方向）
12. 设置连接电机应该运行的最小转速	☀ 基本调试 最小转速 ↑ 19500.00 □0000.00　r/min ↓ 0.00
13. 设置加速时间（单位：s） 这是电机达到所选转速的时间	☀ 基本调试 斜坡上升 ↑ 999999.00 □00010.00　s ↓ 0.00

（续）

操　作	屏幕显示内容
14. 设置减速时间（单位：s） 这是电机从接收到 OFF1 命令到停止的时间	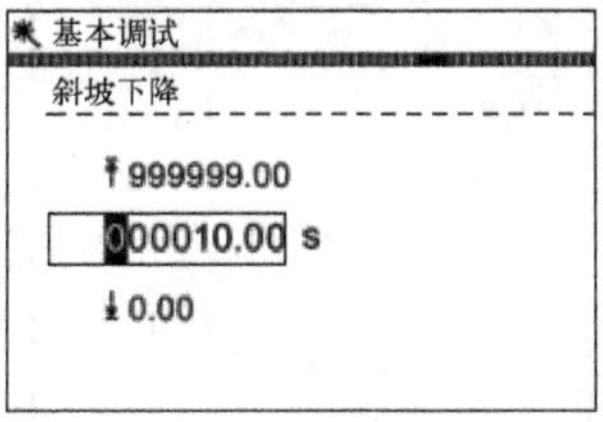 基本调试 斜坡下降 ↑999999.00 000010.00　s ↓0.00
15. 显示所有的设置概要 如果设置正确，选择继续	 基本调试 设置汇总 继续 恢复出厂设置：否 控制模式：具有线性特性的V/f控制 电机数据：欧洲50Hz，kW 特性：50Hz 电机电压：400V
16. 最后的屏幕有两个选项： ● 保存设置 ● 取消向导 如果选择保存，将设置保存到变频器内存 在"菜单"的"参数设置"中使用"参数保存模式"功能分配 安全数据的位置	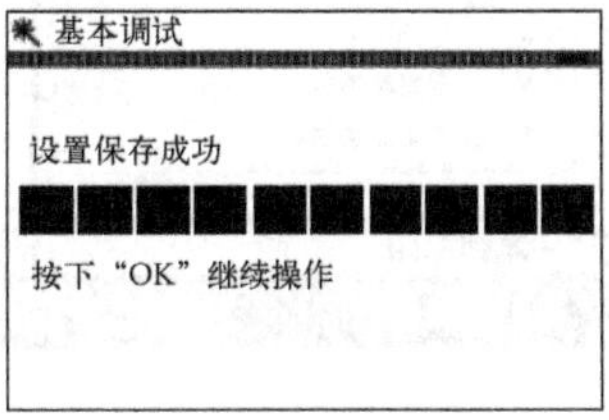 基本调试 设置保存成功 按下"OK"继续操作

2.5.2　使用调试软件进行快速调试

可以根据表 2-2 中相关参数在调试软件中直接进行参数修改。在此主要介绍在 Startdrive 调试软件中用"调试向导"方法进行变频器的快速调试操作，步骤如下。

1. 打开调试软件

打开 Startdrive 调试软件，创建一个新项目，如"G120_Startdrive_tiaoshi"。

2. 添加控制单元和功率单元

按 1.5 节介绍的方法添加变频器的控制单元和功率单元。

3. 转至在线

按 2.2.3 节介绍方法，将新建的项目转至在线状态。

4. 快速调试

1）双击"驱动_1"文件夹中的"调试"，弹出右侧的"调试"菜单，如图 2-15 所示。

2）单击"调试"菜单中的"调试向导"选项，弹出"调试向导-（在线）"的"应用等级"设置对话框，如图 2-16 所示。

3）在图 2-16 的"应用等级"下拉列表框中，选择"［1］Standard Drive Control（SDC）"，即标准驱动控制，然后单击"下一页"按钮 下一页≫ ，弹出"设定值/指令源的默认值"设置对话框，如图 2-17 所示。

图 2-15 "在线调试"视窗

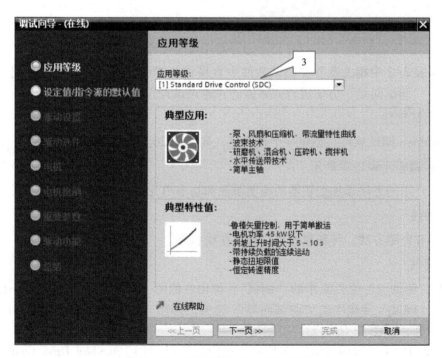

图 2-16 "应用等级"设置对话框

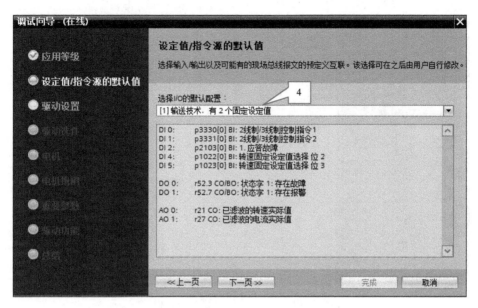

图 2-17　"设定值/指令源的默认值"设置对话框

4）在图 2-17 中的"选择 I/O 的默认配置"下拉列表框中选择所使用的宏指令，在此选择"[1]输送技术，有 2 个固定设定值"，即宏参数 p15 为 1，然后单击"下一页"按钮，弹出"驱动设置"对话框，如图 2-18 所示。

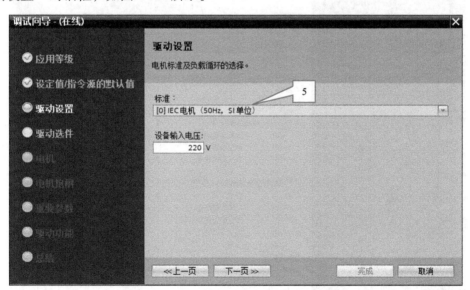

图 2-18　"驱动设置"对话框

5）在图 2-18 中设置所使用电机的标准，在此选择"[0]IEC 电机(50 Hz, SI 单位)"，设备输入电压为 220 V（根据功率单元的输入电压确定），然后单击"下一页"按钮，弹出"驱动选件"设置对话框，如图 2-19 所示。

6）在图 2-19 中设置电机在制动时的配置，根据功率单元及所驱动电机的功率确定是否勾选"制动电阻"单选按钮，在"输出滤波类型"下拉列表框中选择"[0]无筛选"选项，然后单击"下一页"按钮，弹出"电机"设置对话框，如图 2-20 所示。

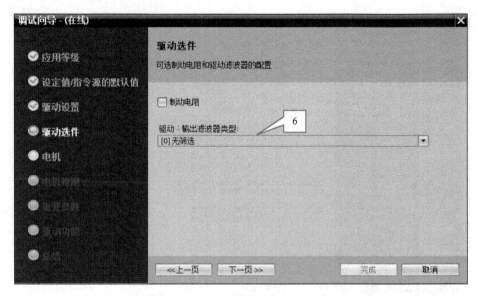

图 2-19 "驱动选件"设置对话框

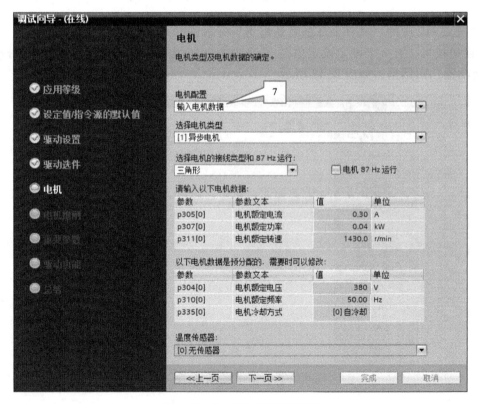

图 2-20 "电机"设置对话框

7）在图 2-20 中，用户需根据实际使用的电机设置电机参数，然后单击"下一页"按钮，弹出"电机抱闸"设置对话框，如图 2-21 所示。

8）在图 2-21 中设置电机在制动时是否有抱闸装置，在此选择"[0]无电机抱闸"，然后单击"下一页"按钮，弹出"重要参数"设置对话框，如图 2-22 所示。

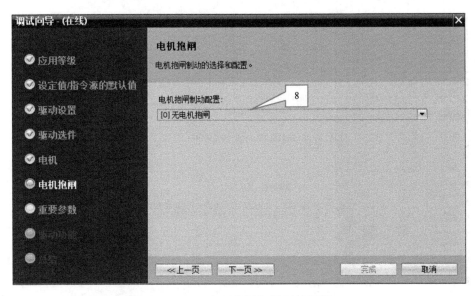

图 2-21　"电机抱闸"设置对话框

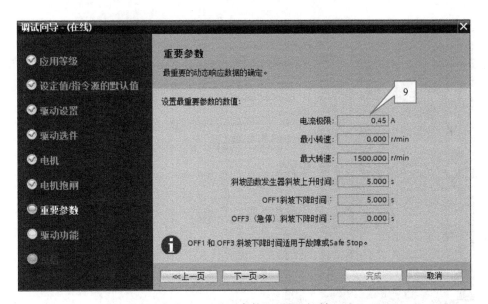

图 2-22　"重要参数"设置对话框

9）在图 2-22 中根据实际情况设置电机动态响应的参数，然后单击"下一页"按钮，弹出"驱动功能"设置对话框，如图 2-23 所示。

10）在图 2-23 中设置电机驱动功能的参数，在"工艺应用"下拉列表框中选择"[0]恒定负载（线性特性曲线）"选项，在"电机识别"下拉列表框中选择"[2]电机数据检测（静止状态）"选项，即不进行电机数据检测，然后单击"下一页"按钮，弹出"总结"对话框，如图 2-24 所示。

11）在图 2-24 中可以看到用户快速调试所组态的信息，可勾选"RAM 数据到 EEPROM（将数据保存到驱动中）"单选按钮，然后单击"完成"按钮 完成，结束项目快速调试操作。

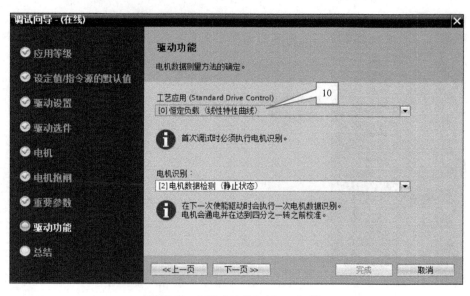

图 2-23 "驱动功能"设置对话框

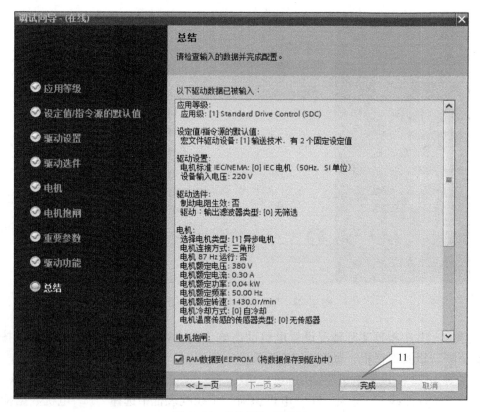

图 2-24 "总结"对话框

若使用 STARTER 调试软件进行快速调试时，可在图 1-41 中勾选 "Then start commissioning wizard（然后启动调试向导）"单选按钮，单击 "Finish（完成）"按钮，然后弹出快速调试向导对话框（见图 2-25），或者单击项目树中的 "Configuration（配置）"选项后，在右侧窗口中单击 "Wizard...（向导）"按钮亦可，可根据向导依次设置电机运行的相关参数。

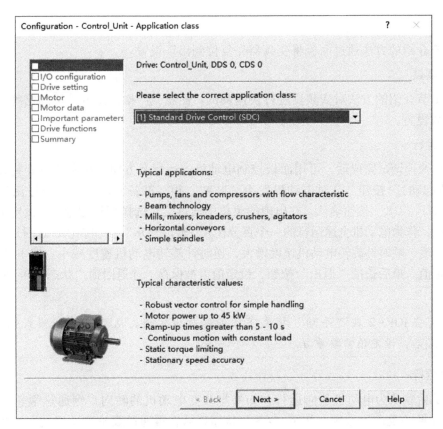

图 2-25　"快速调试向导"

2.6　案例 3　面板控制电动机的运行

2.6.1　任务导入

在变频器投入使用前，很多用户都会通过面板对电动机进行简单的运行控制，如起动、停止、反转、调速等，这些操作也是使用变频器的最基本操作。

本案例主要任务是使用 IOP-2 实现电动机的起动、停止、反转、调速及点动等控制。

2.6.2　任务实施

将变频器与电源及电动机相连接，然后接通电源，待变频器起动稳定后再进行以下操作。

1. 切换控制模式

按下 IOP-2 上的"HAND/AUTO"键将命令源切换至面板上的手动控制。

2. 恢复出厂设置

按 2.4 节介绍的方法通过面板将变频器先复位到出厂设置。

3. 快速调试

按 2.5.1 节介绍的方法对变频器进行快速调试。注意，严格按照电动机的铭牌数据进行电动机相关参数设置。

4. 正向运行

电动机的快速调试完成后，可用面板控制电动机的运行及方向。首先按下变频器面板上的"开机（或称起动）"按钮，这时电动机发生"吱吱"声，准备起动。然后通过滚轮选择"控制"菜单，按下"OK"按钮确认，在出现的菜单中通过滚轮选择"设定值"（设定值决定电动机的运行速度，作为电动机全速运行的一个百分比），按下"OK"按钮确认，这时通过滚轮可改变电动机的速度，顺时针旋转电动机速度增大，逆时针旋转电动机速度减小。按下"OK"按钮确认新的设定值。最后长按"退出"按钮，设定值将被保存，并返回到"状态"屏幕。

 注意：

只有当 IOP-2 在"手动"模式下才能修改设定值。从"手动"模式切换至"自动"模式后，设定值需要重置。

5. 反向运行

快速调试后默认为电动机正向运行，如果想改变电动机的转向，则通过滚轮键进入"控制"菜单，选择"反向"选项，按下"OK"按钮确认，再通过滚轮选择"是"选项，然后按下"OK"按钮确认。这时起动电动机时，电动机将进入反向旋转状态。

6. 点动运行

如果选择了点动功能，则每次按按钮电动机都能按预先确定的值点动旋转。如果持续按下"开机"按钮，则电动机将会持续旋转，直至松开按钮。

如果电动机正在运行，则先按下"停机"按钮停止电动机的运行。然后通过滚轮进入"控制"菜单，选择"点动"选项，按下"OK"按钮确认，再通过滚轮选择"是"选项，按下"OK"按钮确认。长按"返回"按钮返回到"状态"屏幕，这时电动机将进入点动运行状态。

点动的运行频率可以通过上述修改"设定值"方法修改。

2.6.3 任务拓展

通过变频器的 BOP-2 实现案例 3 的所有任务。或使用 IOP-2 修改变频器的"显示对比度""显示背光""状态屏幕向导"等。

码 2-10　面板控制电动机的运行

2.7 案例 4　使用软件在线控制电动机的运行

2.7.1 任务导入

目前，使用调试软件进行电动机运行控制及监控越来越普遍，而随着 TIA Portal 软件的广泛使用，越来越多的用户使用 Startdrive 调试软件，若无特别说明，本章及后续章节都使用该软件。

本案例主要任务是使用 Startdrive 调试软件在线控制电动机的运行。

2.7.2　任务实施

使用 USB 或 PN 接口方式将变频器与计算机相连接，然后将变频器与电源及电动机相连接，接通电源，待变频器起动稳定后再进行以下操作。

1. 切换控制模式

按下 IOP-2 上的"HAND/AUTO"键将命令源切换至面板上的自动控制。

2. 创建项目

按 1.5 节介绍的方法，创建一个新项目。

3. 恢复出厂设置

按 2.4.2 节介绍的方法通过面板将变频器先复位到出厂设置。

4. 快速调试

按 2.5.2 节介绍的方法对变频器进行快速调试。注意，严格按照电动机的铭牌数据进行电动机相关参数设置。

5. 转至在线

按 2.2.3 节介绍方法，将新建的项目转至在线状态。

6. 面板控制操作

1) 双击项目树中的"驱动_1"文件夹下的"调试"选项，如图 2-26 所示。

图 2-26　Startdrive 调试软件"调试"窗口

2）单击"调试"窗口中的"控制面板"选项，右侧将显示控制面板。

3）在"控制面板"中单击"激活"按钮 激活 。

4）在弹出的对话框中单击"应用"按钮 应用 ，获取主控制权，如图 2-27 所示。

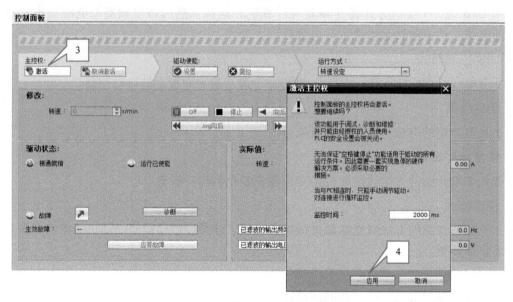

图 2-27　控制面板—未激活主控制权

5）在"控制面板"的"修改"列表框中输入一个电动机运行的速度值，如 500（单位是 r/min），如图 2-28 所示。

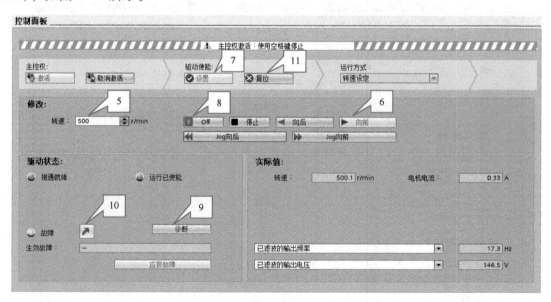

图 2-28　控制面板—已激活主控制权

6）在"控制面板"的"修改"列表框中单击"向前"按钮 向前 ，使电动机正向起动。在此变频器起动进行电动机数据静态识别，识别完成后变频器停止运行。

7）在"控制面板"中单击"设置"按钮 设置 ，在"修改"选项组中输入一个电动机运行的速度值，再次单击"向前"按钮。此时，在"实际值"栏中可以看到电动机的实际转速及输出的电流值。

8）在"控制面板"的"修改"选项组中单击"Off"按钮 ⓘ Off ，可使电动机停止运行。在线状态下，还可以通过"控制面板"使电动机反转、正向点动、反向点动等操作。

9）如果在运行过程中，电动机发生故障，可单击"驱动状态"选项组中的"诊断"按钮 诊断 ，此时故障代码及相关信息会出现在"生效故障"文本框中，如 7950 为电机参数错误（参数：307）。

10）当发生故障时，单击"驱动状态"选项组中的"故障"按钮 ⬈ ，会弹出"在线并诊断"窗口，在"当前信息"文本框中会显示具体故障信息。故障解除后，可单击下方的"应答故障"按钮进行确认。

11）在"控制面板"中单击"复位"按钮 ⊗ 复位 。

12）在"控制面板"中单击"取消激活"按钮 取消激活 ，弹出"取消激活控制面板"确认对话框，如图 2-29 所示。

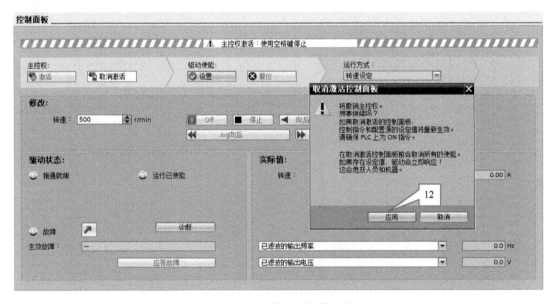

图 2-29　取消激活控制面板

13）单击"取消激活控制面板"确认对话框的"应用"按钮 应用 ，便可放弃主控权。

2.7.3　任务拓展

使用 Startdrive 调试软件诊断变频器故障信息并解决（假设在快速调试时将电动机额定功率误输入为原额定功率的 10 倍），或使用 STARTER 调试软件进行电动机的在线运行控制。

2.8 习题与思考

1. G120 变频器参数中 "p" 和 "r" 参数分别表示哪种类型的参数?

2. G120 变频器复位操作相关参数有哪些,参数值分别是多少?

3. 电动机的快速调试主要调试电动机的哪些参数?

4. 当电动机工作在模拟量调速情况下,参数 p0015 可设置哪些值?

5. 简述使用基本操作面板 BOP-2 进行参数值修改的步骤。

6. 使用面板控制电动机运行时,变频器应处在 "手动" 还是 "自动" 控制方式?

7. 使用 Startdrive 调试软件如何使变频器处在 "在线状态"?

8. 控制单元 CU240E-2 PN 可通过哪些接口方式与计算机相连接?

9. 使用 Startdrive 调试软件如何通过面板控制方式监控电动机的运行?

10. 当变频器发生故障时,如何通过软件诊断故障?

第 3 章　G120 变频器的数字量应用

本章主要介绍 G120 变频器的数字量输入端子的使用、数字量输出端子的使用和 BICO 功能。希望读者通过本章的学习，尽快掌握 G120 变频器数字量输入/输出端子的参数设置及相应功能的调试方法。

3.1　数字量输入

3.1.1　BICO 功能

BICO 功能是一种把变频器内部输入和输出功能联系在一起的设置方法，是西门子公司变频器特有的功能，可以根据实际工艺要求来灵活定义端口。在 SINAMICS G120 变频器的使用过程中会经常用 BICO 功能。

1. BICO 参数

在 CU240E/B-2 的参数表中有些参数名称的前面标有以下字样："BI:""BO:""CI:""CO:""CO/BO:"，它们就是 BICO 参数。可以通过 BICO 参数确定功能块输入信号的来源，确定功能块是从哪个二进制接口或模拟量接口读取输入信号的，这样用户便可按照自己的要求，互联设备内各种功能块了。图 3-1 为 5 种 BICO 参数。

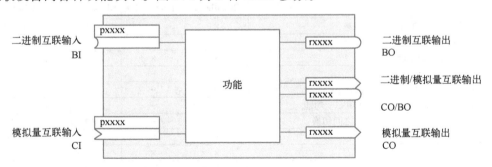

图 3-1　BICO 功能

BI：二进制互联输入，即参数作为某个功能的二进制输入接口，通常与"p 参数"对应。

BO：二进制互联输出，即参数作为二进制输出信号，通常与"r 参数"对应。

CI：模拟量互联输入，即参数作为某个功能的模拟量输入接口，通常与"p 参数"对应。

CO：模拟量互联输出，即参数作为模拟量输出信号，通常与"r 参数"对应。

CO/BO：模拟量/二进制互联输出，是将多个二进制信号合并成一个"字"的参数，该字中的每一位都表示一个二进制互联输出信号，16 个位合并在一起表示一个模拟量互联输出信号。

2. BICO 功能示例

BICO 功能示例见表 3-1。

表 3-1　BICO 功能示例

参数号	参数值	功　　能	说　　明
p0840	722.0	数字输入 DI0 作为起动信号	p0840：BI 参数，ON/OFF 命令 r0722.0：CO/BO 参数，数字输入 DI0 状态
p1070	755.0	模拟量输入 AI0 作为主设定值	p1070：CI 参数，主设定值 r0755.0：CO 参数，模拟量输入 AI0 的输入值

3.1.2　预定义接口宏

G120 变频器为满足不同的接口定义提供了多种预定义接口宏，可以方便地设置变频器的命令源和设定值源，可以通过参数 p0015 修改宏。

在工程项目中，选用宏功能时请注意以下两点：

1）如果其中一种宏定义的接口方式完全符合用户的应用，那么按照该宏的接线方式设计原理图，并在调试时选择相应的宏功能即可方便地实现控制要求。

2）如果所有宏定义的接口方式都不能完全符合用户的应用，那么就选择与用户的布线相近的接口宏，然后根据需要来调整输入/输出的配置。

 注意:

　　　修改宏参数 p0015 时，只有 p0010=1 时才能更改。

控制单元 CU240E-2 系列为用户提供多种接口宏（控制单元不同，所提供的接口宏类别也不同），在表 3-2 中列出 4 种控制单元所支持的接口宏，其他类型控制单元所支持的接口宏请参考相关资料。

表 3-2　控制单元 CU240E-2 系列接口宏功能

宏编号	宏功能	CU240E-2	CU240E-2 F	CU240E-2 DP	CU240E-2 PN-F
1	双线制控制，有 2 个固定转速	×	×	×	×
2	单方向 2 个固定转速，带安全功能	×	×	×	×
3	单方向 4 个固定转速	×	×	×	×
4	现场总线 PROFIBUS	—	—	×	×
5	现场总线 PROFIBUS，带安全功能	—	—	×	×
6	现场总线 PROFIBUS，带 2 项安全功能	—	—	—	×
7	现场总线 PROFIBUS 和点动之间切换	—	—	×（默认）	×（默认）
8	电动电位器（MOP），带安全功能	×	×	×	×
9	电动电位器（MOP）	×	×	×	×
12	双线制控制 1，模拟量调速	×（默认）	×（默认）	×	×
13	端子起动模拟量给定，带安全功能	×	×	×	×
14	现场总线 PROFIBUS 和电动电位器（MOP）切换	—	—	×	×
15	模拟给定和电动电位器（MOP）切换	×	×	×	×
17	双线制控制 2，模拟量调速	×	×	×	×
18	双线制控制 3，模拟量调速	×	×	×	×
19	三线制控制 1，模拟量调速	×	×	×	×
20	三线制控制 2，模拟量调速	×	×	×	×
21	现场总线 USS 通信	×	×	—	—

注：×为支持；—为不支持。

宏定义的接口方式如图 3-2 所示。表 3-2 和图 3-2 中宏 4、5、6、7、14 中现场总线的类型列出的是 PROFIBUS 总线，而含有 PN 接口的控制单元现场总线类型是指 PROFINET 总线。

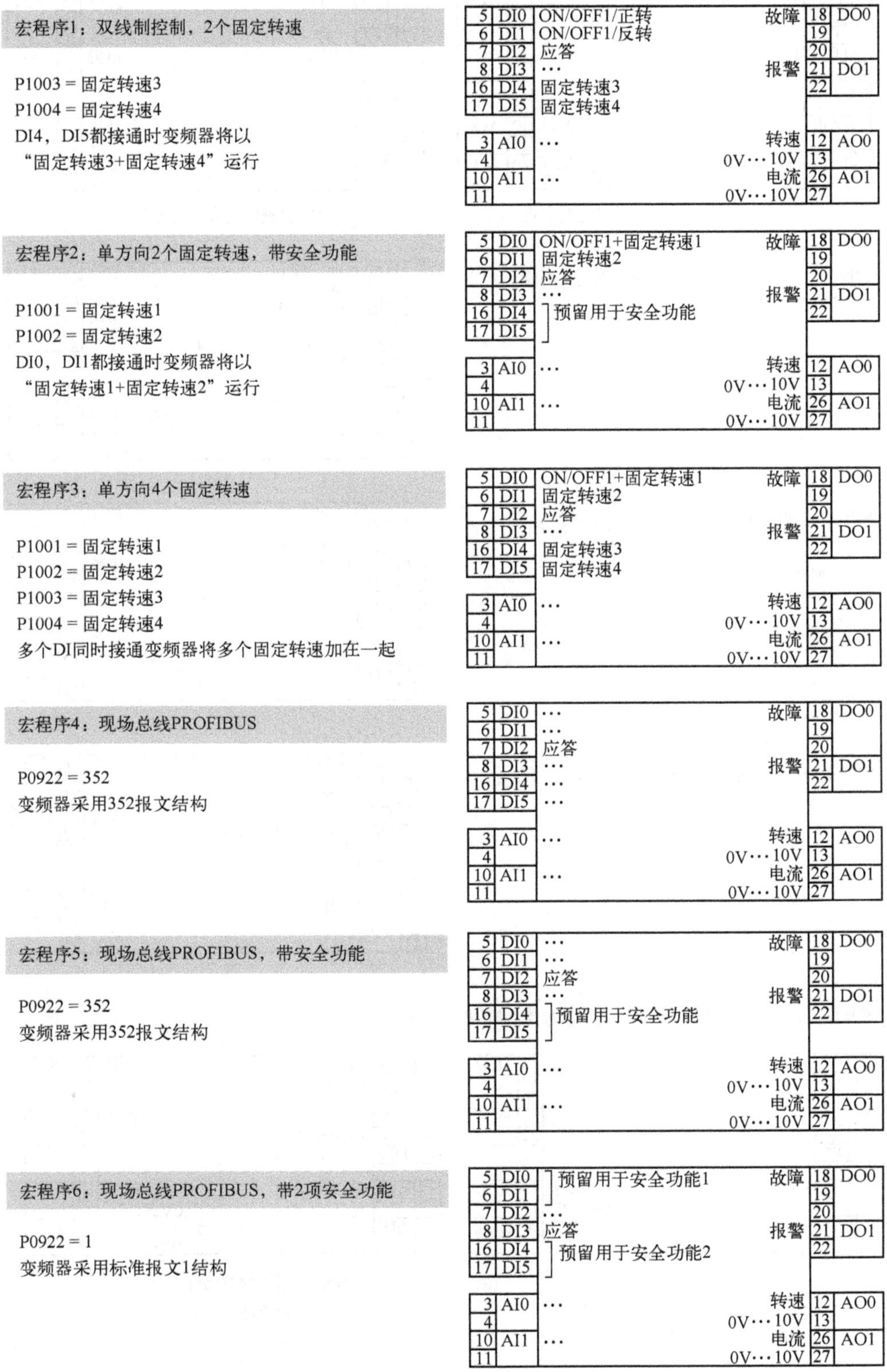

宏程序1：双线制控制，2个固定转速

P1003 = 固定转速3
P1004 = 固定转速4
DI4，DI5都接通时变频器将以
"固定转速3+固定转速4"运行

5	DI0	ON/OFF1/正转	故障	18	DO0
6	DI1	ON/OFF1/反转		19	
7	DI2	应答		20	
8	DI3	…	报警	21	DO1
16	DI4	固定转速3		22	
17	DI5	固定转速4			
3	AI0	…	转速	12	AO0
4		0V…10V		13	
10	AI1	电流		26	AO1
11		0V…10V		27	

宏程序2：单方向2个固定转速，带安全功能

P1001 = 固定转速1
P1002 = 固定转速2
DI0，DI1都接通时变频器将以
"固定转速1+固定转速2"运行

5	DI0	ON/OFF1+固定转速1	故障	18	DO0
6	DI1	固定转速2		19	
7	DI2	应答		20	
8	DI3	…	报警	21	DO1
16	DI4	⌐预留用于安全功能		22	
17	DI5	⌐			
3	AI0	…	转速	12	AO0
4		0V…10V		13	
10	AI1	电流		26	AO1
11		0V…10V		27	

宏程序3：单方向4个固定转速

P1001 = 固定转速1
P1002 = 固定转速2
P1003 = 固定转速3
P1004 = 固定转速4
多个DI同时接通变频器将多个固定转速加在一起

5	DI0	ON/OFF1+固定转速1	故障	18	DO0
6	DI1	固定转速2		19	
7	DI2	应答		20	
8	DI3	…	报警	21	DO1
16	DI4	固定转速3		22	
17	DI5	固定转速4			
3	AI0	…	转速	12	AO0
4		0V…10V		13	
10	AI1	电流		26	AO1
11		0V…10V		27	

宏程序4：现场总线PROFIBUS

P0922 = 352
变频器采用352报文结构

5	DI0	…	故障	18	DO0
6	DI1	…		19	
7	DI2	应答		20	
8	DI3	…	报警	21	DO1
16	DI4			22	
17	DI5				
3	AI0	…	转速	12	AO0
4		0V…10V		13	
10	AI1	电流		26	AO1
11		0V…10V		27	

宏程序5：现场总线PROFIBUS，带安全功能

P0922 = 352
变频器采用352报文结构

5	DI0	…	故障	18	DO0
6	DI1	…		19	
7	DI2	应答		20	
8	DI3	…	报警	21	DO1
16	DI4	⌐预留用于安全功能		22	
17	DI5	⌐			
3	AI0	…	转速	12	AO0
4		0V…10V		13	
10	AI1	电流		26	AO1
11		0V…10V		27	

宏程序6：现场总线PROFIBUS，带2项安全功能

P0922 = 1
变频器采用标准报文1结构

5	DI0	⌐预留用于安全功能1	故障	18	DO0
6	DI1	⌐		19	
7	DI2			20	
8	DI3	应答	报警	21	DO1
16	DI4	⌐预留用于安全功能2		22	
17	DI5	⌐			
3	AI0	…	转速	12	AO0
4		0V…10V		13	
10	AI1	电流		26	AO1
11		0V…10V		27	

图 3-2　宏定义的接口方式

宏程序7：现场总线PROFIBUS和点动之间切换

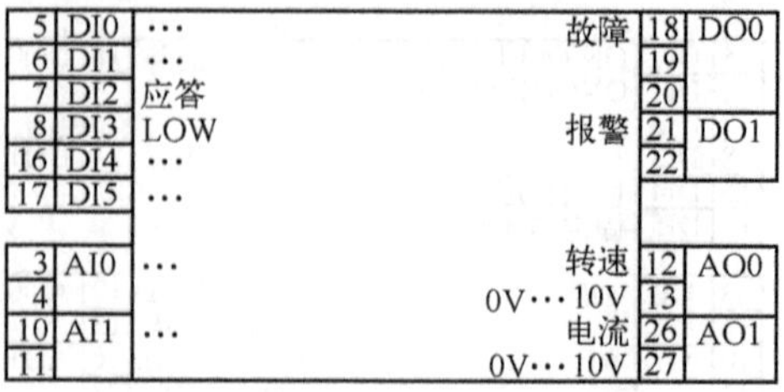

5	DI0	...		故障	18	DO0
6	DI1	...			19	
7	DI2	应答			20	
8	DI3	LOW		报警	21	DO1
16	DI4	...			22	
17	DI5	...				

3	AI0	...		转速	12	AO0
4			0V...10V		13	
10	AI1	...		电流	26	AO1
11			0V...10V		27	

DI3断开时选择PROFIBUS控制方式

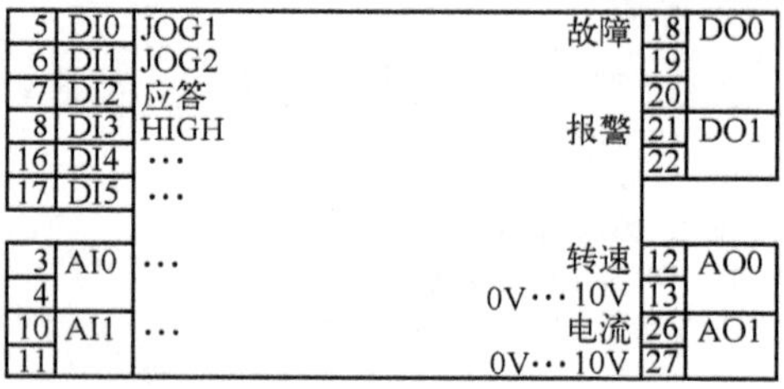

5	DI0	JOG1		故障	18	DO0
6	DI1	JOG2			19	
7	DI2	应答			20	
8	DI3	HIGH		报警	21	DO1
16	DI4	...			22	
17	DI5	...				

3	AI0	...		转速	12	AO0
4			0V...10V		13	
10	AI1	...		电流	26	AO1
11			0V...10V		27	

DI3接通时选择点动控制方式

宏程序8：电动电位器（MOP），带安全功能

DI1 = MOP升速
DI2 = MOP降速

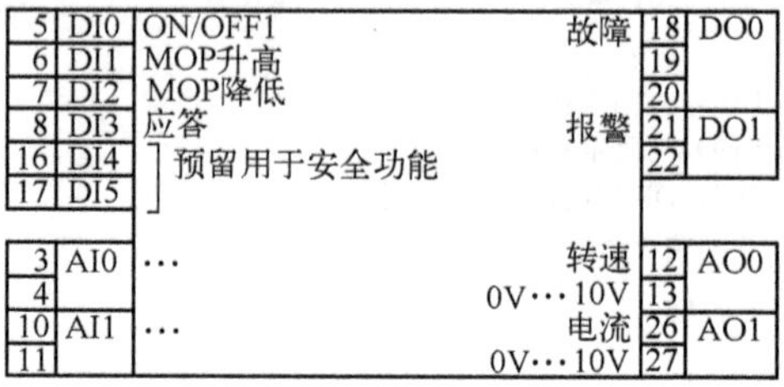

5	DI0	ON/OFF1	故障	18	DO0
6	DI1	MOP升高		19	
7	DI2	MOP降低		20	
8	DI3	应答	报警	21	DO1
16	DI4	预留用于安全功能		22	
17	DI5				

3	AI0	...		转速	12	AO0
4					13	
10	AI1	...	0V...10V	电流	26	AO1
11					27	

宏程序9：电动电位器（MOP）

DI1 = MOP升速
DI2 = MOP降速

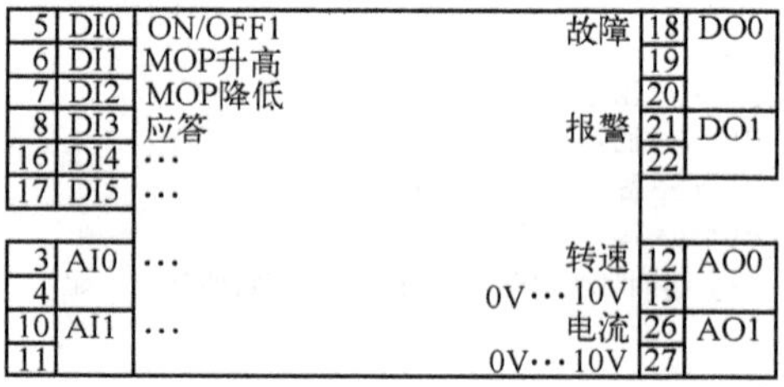

5	DI0	ON/OFF1	故障	18	DO0
6	DI1	MOP升高		19	
7	DI2	MOP降低		20	
8	DI3	应答	报警	21	DO1
16	DI4	...		22	
17	DI5	...			

3	AI0	...		转速	12	AO0
4					13	
10	AI1	...	0V...10V	电流	26	AO1
11					27	

宏程序13：端子起动模拟量给定，带安全功能

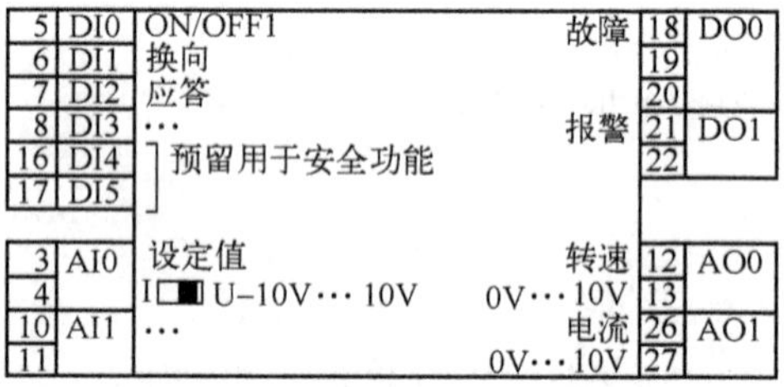

5	DI0	ON/OFF1	故障	18	DO0
6	DI1	换向		19	
7	DI2	应答		20	
8	DI3	...	报警	21	DO1
16	DI4	预留用于安全功能		22	
17	DI5				

3	AI0	设定值		转速	12	AO0
4		I □■ U−10V...10V	0V...10V		13	
10	AI1	...		电流	26	AO1
11					27	

宏程序14：现场总线PROFIBUS和电动电位器（MOP）切换

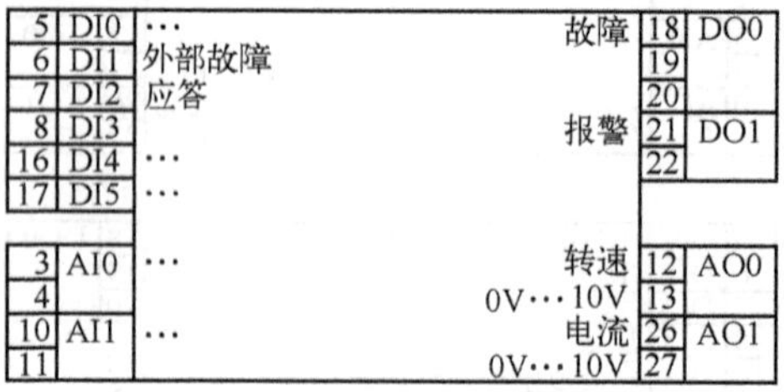

5	DI0	...		故障	18	DO0
6	DI1	外部故障			19	
7	DI2	应答			20	
8	DI3			报警	21	DO1
16	DI4				22	
17	DI5					

3	AI0	...		转速	12	AO0
4			0V...10V		13	
10	AI1	...		电流	26	AO1
11			0V...10V		27	

PROFIBUS控制字1第15位为0时
选择PROFIBUS控制方式
P0922 = 20变频器采用20报文结构

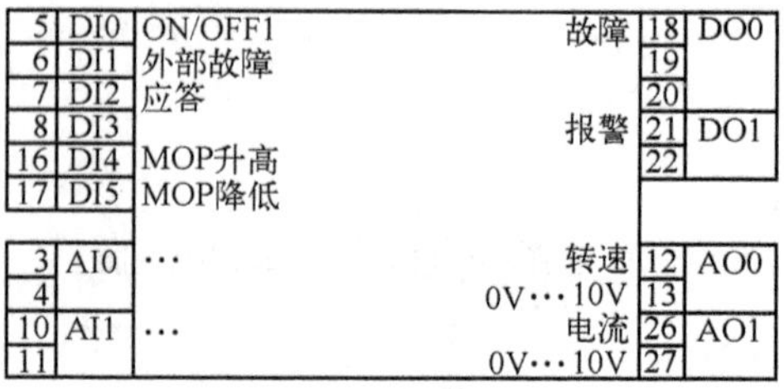

5	DI0	ON/OFF1	故障	18	DO0
6	DI1	外部故障		19	
7	DI2	应答		20	
8	DI3		报警	21	DO1
16	DI4	MOP升高		22	
17	DI5	MOP降低			

3	AI0	...		转速	12	AO0
4			0V...10V		13	
10	AI1	...		电流	26	AO1
11			0V...10V		27	

PROFIBUS控制字1第15位为1时
选择点动控制方式

图 3-2　宏定义的接口方式（续）

宏程序15：模拟给定和电动电位器（MOP）切换

5	DI0	ON/OFF1		故障	18	DO0
6	DI1	外部故障			19	
7	DI2	应答			20	
8	DI3	LOW		报警	21	DO1
16	DI4	…			22	
17	DI5	…				
3	AI0	设定值		转速	12	AO0
4		I▢U-10V…10V	0V…10V		13	
10	AI1			电流	26	AO1
11				0V…10V	27	

DI3断开时选择模拟量设定方式

5	DI0	ON/OFF1		故障	18	DO0
6	DI1	外部故障			19	
7	DI2	应答			20	
8	DI3	HIGH		报警	21	DO1
16	DI4	MOP升高			22	
17	DI5	MOP降低				
3	AI0	…		转速	12	AO0
4			0V…10V		13	
10	AI1	…		电流	26	AO1
11				0V…10V	27	

DI3接通时选择电动电位器（MOP）设定方式

	宏程序12	宏程序17	宏程序18
双线制控制	方法1	方法2	方法3
控制命令1	正转起动	正转起动	正转起动
控制命令2	反向	反转起动	反转起动

注：宏程序12、17、18的区别请参考3.1.6节"变频器2/3线控制"

5	DI0	控制命令1		故障	18	DO0
6	DI1	控制命令2			19	
7	DI2	应答			20	
8	DI3	…		报警	21	DO1
16	DI4	…			22	
17	DI5	…				
3	AI0	设定值		转速	12	AO0
4		I▢U-10V…10V	0V…10V		13	
10	AI1	…		电流	26	AO1
11				0V…10V	27	

	宏程序19	宏程序20
三线制控制	方法1	方法2
控制命令1	断开停止电机	断开停止电机
控制命令2	脉冲正转起动	脉冲正转起动
控制命令3	脉冲反转起动	反向

注：宏程序19、20的区别请参考3.1.6节"变频器2/3线控制"

5	DI0	控制命令1		故障	18	DO0
6	DI1	控制命令2			19	
7	DI2	控制命令3			20	
8	DI3	应答		报警	21	DO1
16	DI4	…			22	
17	DI5	…				
3	AI0	设定值		转速	12	AO0
4		I▢U-10V…10V	0V…10V		13	
10	AI1	…		电流	26	AO1
11				0V…10V	27	

宏程序21：现场总线USS通信

P2020 = 比特率
P2021 = USS通信站地址
P2022 = PZD数量
P2023 = PKW数量

5	DI0	…		故障	18	DO0
6	DI1	…			19	
7	DI2	应答			20	
8	DI3	…		报警	21	DO1
16	DI4	…			22	
17	DI5	…				
3	AI0	…		转速	12	AO0
4					13	
10	AI1	…		电流	26	AO1
11			0V…10V		27	

图 3-2　宏定义的接口方式（续）

3.1.3　指令源和设定值源

码 3-1　G120
宏的认知

通信预定义接口宏可以定义变频器用什么信号控制起动，由什么信号来控制输出频率，在预定义接口宏不能完全符合要求时，必须根据需要通过 BICO 功能来调整指令源和设定值源。

1. 指令源

指令源指变频器接收控制指令的接口。在设置预定义接口宏 p0015 时，变频器会自动对指令源进行定义。表 3-3 的参数设置中 r722.0、r722.2、r722.3、r2090.0、r2090.1 均为指令源。

表 3-3　控制单元 CU240E-2PN-F 定义的指令源

参数号	参数值	说　　明
p0840	r722.0	将数字量输入 DI0 定义为起动命令
	r2090.0	将现场总线控制字 1 的第 0 位定义为起动命令
p0844	r722.2	将数字量输入 DI2 定义为 OFF2（自由停止车）命令
	r2090.1	将现场总线控制字 1 的第 1 位定义为 OFF2 命令
p2103	r722.3	将数字量输入 DI3 定义为故障复位

2. 设定值源

设定值源指变频器接收设定值的接口，在设置预定义接口宏 p0015 时，变频器会自动对设定值源进行定义。表 3-4 的参数设置中 r1050、r755.0、r1024、r2050.1、r755.1 均为设定值源。

表 3-4　控制单元 CU240E-2 定义的设定值源

参数号	参数值	说　　明
p1070	r1024	将固定转速作为主设定值
	r1050	将电动电位器作为主设定值
	r755.0	将模拟量输入 AI0 作为主设定值
	r755.1	将模拟量输入 AI1 作为主设定值
	r2050.1	将现场总线作为主设定值

3.1.4　数字量输入端子及连接

G120 变频器控制单元 CU240E-2 的数字量输入端子 5、6、7、8、16、17 为用户提供了 6 个完全可编程的数字输入端子。数字输入端子的信号可以来自外部的开关量，也可来自晶体管、继电器的输出信号。端子 9、28 是一个 24 V 的直流电源，为用户提供了数字量的输入所需要的直流电源。数字量信号（使用变频器的内部电源）来自外部开关端子的接线方法如图 3-3 所示。若数字量信号来自晶体管输出，对 PNP 型晶体管的公共端应接端子 9（+24 V），对 NPN 型晶体管的公共端应接端子 28（0 V）。若数字量信号来自继电器输出，继电器的公共端应接 9（+24 V）。若使用外部 24 V 直流电源，则外部开关量的公共端子与外部直流 24V 电源的正极性端相连，直流 24 V 电源的负极性端与 69 和 34 号端子相连，如图 1-25 所示。

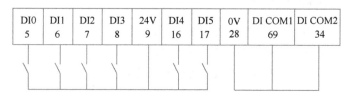

图 3-3　外部开关量与数字输入端子的接线图

若提供的 6 个数字量输入不够，可通过图 3-4 的方法增加 2 个数字量输入 DI11 和 DI12。

表 3-5 为数字量输入 DI 与所对应的状态位关系。

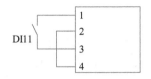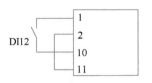

图 3-4　DI11 和 DI12 的端子接线图

表 3-5　数字量输入 DI 与所对应的状态位关系

数字输入编号	端子号	数字输入状态位
数字输入 0，DI0	5	r722.0
数字输入 1，DI1	6	r722.1
数字输入 2，DI2	7	r722.2
数字输入 3，DI3	8	r722.3
数字输入 4，DI4	16	r722.4
数字输入 5，DI5	17	r722.5
数字输入 11，DI11	3、4	r722.11
数字输入 12，DI12	10、11	r722.12

若要灵活应用好 G120 变频器的数字量输入端子，还必须掌握 G120 变频器的 BICO 功能和接口宏的定义。

码 3-2　G120
宏对应数字量输
入接口的配置

3.1.5　固定频率运行

固定频率运行又称多段速运行，就是设置 p1000（频率控制源）= 3 的条件下，用数字量端子选择固定设定值的组合，实现电动机的多段速固定频率运行。它有 2 种固定设定值模式：直接选择和二进制选择。

使用固定频率运行时，宏参数 p0015 必须为 1、2 或 3。

1. 直接选择模式

一个数字量输入选择一个固定设定值。多个数字输入量同时激活时，选定的设定值是对应固定设定值的叠加。最多可以设置 4 个数字输入信号。采用直接选择模式需要设置参数 p1016 = 1。

其中，参数 p1020 ~ p1023 为固定设定值的选择信号，对应关系见表 3-6。

表 3-6　固定设定值的选择信号

参数号	说　　明	参数号	说　　明
p1020	固定设定值 1 的选择信号	p1001	固定设定值 1
p1021	固定设定值 2 的选择信号	p1002	固定设定值 2
p1022	固定设定值 3 的选择信号	p1003	固定设定值 3
p1023	固定设定值 4 的选择信号	p1004	固定设定值 4

【例 3-1】通过外部开关量实现电动机的 2 个固定转速，分别为 500 r/min 和 1000 r/min，数字量输入端子线路连接如图 3-5 所示（图中 S1、S2 和 S3 为 3 个开关，后续章节相同）。

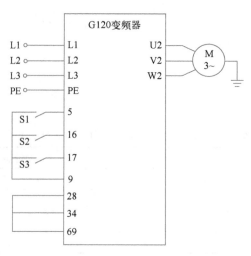

图 3-5 例 3-1 变频器控制端子线路连接

因要求中未指定具体使用哪个数字量输入作为起动信号端和固定频率控制端，故可选择宏参数为 1。因没有运行频率信号，还需要设置参数 p1003 = 500，p1004 = 1000，见表 3-7。

表 3-7 例 3-1 的参数设置

参数号	参数值	功　能	备注
p0015	1	预定义宏参数选择固定转速，双线制控制，2 个固定频率	需设置
p0840	722.0	将 DI0 作为起动信号，r722.0 为 DI0 状态的参数	默认值
p1000	3	固定频率运行	
p1016	1	固定转速模式采用直接选择方式	
p1022	722.4	将 DI4 作为固定设定值 3 的选择信号，r722.4 为 DI4 状态的参数	
p1023	722.5	将 DI5 作为固定设定值 4 的选择信号，r722.5 为 DI5 状态的参数	
p1003	500	定义固定设定值 3，单位 r/min	需设置
p1004	1000	定义固定设定值 4，单位 r/min	
p1070	1024	定义固定设定值作为主设定值	默认值
P0304	400	电动机的额定电压，单位 V	需设置
P0305	0.30	电动机的额定电流，单位 A	
P0307	0.04	电动机的额定功率，单位 kW	
P0310	50.00	电动机的额定频率，单位 Hz	
P0311	1430	电动机的额定转速，单位 r/min	
P1082	1500	电动机的最大转速，单位 r/min	

在图 3-5 中，5 号端子为数字量输入 DI0，16 号端子为数字量输入 DI4，17 号端子为数字量输入 DI5，9 号端子为变频器内部直流 24 V 正极性端，28 号端子为变频器内部直流 24 V 负极性端，34 号端子为数字量输入公共端 DICOM2，69 号端子为数字量输入公共端 DICOM1。用户在接线时应注意变频器的功率单元的输入电压的相数（有单相 220 V 和三相 380 V 之分）。

【例 3-2】通过 DI2 和 DI3 选择电动机运行的 2 个固定转速，分别为 200 r/min 和 300 r/min，DI0 为起动信号，数字量输入端子线路连接如图 3-6 所示。

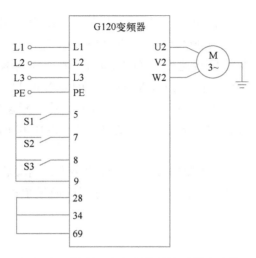

图 3-6　例 3-2 变频器控制端子线路连接

要求 2 个固定频率从 DI2 和 DI3 2 个数字量端口输入，这时在选择宏参数为 1 的前提下，还需要对预定义的端口参数默认值进行修改，并需设置其他参数，其更改和设置的参数设置见表 3-8（电动机的相关参数请根据实际所使用的电动机铭牌数据设定）。

表 3-8　例 3-2 的参数设置

参数号	参数值	说　明
p0015	1	预定义宏参数选择固定转速，双线制控制，2 个固定频率
p1016	1	固定转速模式采用直接选择方式
p1020	722.2	将 DI2 作为固定设定值 1 的选择信号，r722.2 为 DI2 状态的参数
p1021	722.3	将 DI3 作为固定设定值 2 的选择信号，r722.3 为 DI3 状态的参数
p1001	200	定义固定设定值 1，单位 r/min
p1002	300	定义固定设定值 2，单位 r/min

【例 3-3】 通过 DI0 和 DI1 选择电动机运行的 2 个固定转速，分别为 600 r/min 和 800 r/min，DI0 既作为起动信号又兼有第一个速度选择信号。请读者根据图 3-5 和图 3-6 自行绘制例 3-3 的数字量输入端子接线图。

要求 2 个固定频率从 DI0 和 DI1 2 个数字量端口输入，这时在选择宏参数为 1 的前提下，还需要对预定义的端口参数默认值进行修改，并需设置其他参数，其更改和设置的参数设置见表 3-9（电动机的相关参数请根据实际所使用的电动机铭牌数据设定）。

表 3-9　例 3-3 的参数设置

参数号	参数值	说　明
p0015	1	预定义宏参数选择固定转速，双线制控制，2 个固定频率
p1016	1	固定转速模式采用直接选择方式
p1020	722.0	将 DI0 作为固定设定值 1 的选择信号，r722.0 为 DI0 状态的参数
p1021	722.1	将 DI1 作为固定设定值 2 的选择信号，r722.1 为 DI1 状态的参数
p1001	600	定义固定设定值 1，单位 r/min
p1002	200	定义固定设定值 2，单位 r/min

因为 DI0 既作为起动信号又作为第一个速度选择信号，即 DI0 端子接通后，电动机运行的转速为 600 r/min。电动机转速若为 800 r/min，DI0 端子必须先接通（起动信号），同时还需接通 DI1 端子，因 DI0 接通时电动机转速已为 600 r/min，因此需再叠加 200 r/min 便可，所以 DI1 端子对应的转速值参数 p1002 应设置为 200 r/min。如果将 p1002 应设置为 800 r/min，则同时接通 DI0 和 DI1 端子时，电动机的转速将是 1400 r/min，请注意速度值参数的设置。

如果例 3-3 将接口宏参数 p0015 设置为 3，则再设置 p1001 和 p1002 参数便可，而其他参数均采用系统默认值便可。

从以上 3 个例子可以看出，如果使用接口宏默认的端子，则参数设置比较简单。如果实际情况需要更改输入端子，在接口宏已选择情况下，也可以通过更改相应参数实现工作现场需要，只不过设置参数时复杂些。

2. 二进制选择模式

4 个数字量输入通过二进制编码方式选择固定设定值，使用这种方法最多可以选择 15 个固定频率。数字输入不同的状态对应的固定设定值见表 3-10，采用二进制选择模式需要设置参数 p1016=2。

表 3-10　二进制模式选择 DI 状态与设定值对应表

固定设定值	p1023 选择的 DI 状态	p1022 选择的 DI 状态	p1021 选择的 DI 状态	p1020 选择的 DI 状态
p1001 固定设定值 1				1
p1002 固定设定值 2			1	
p1003 固定设定值 3			1	1
p1004 固定设定值 4		1		
p1005 固定设定值 5		1		1
p1006 固定设定值 6		1	1	
p1007 固定设定值 7		1	1	1
p1008 固定设定值 8	1			
p1009 固定设定值 9	1			1
p1010 固定设定值 10	1		1	
p1011 固定设定值 11	1		1	1
p1012 固定设定值 12	1	1		
p1013 固定设定值 13	1	1		1
p1014 固定设定值 14	1	1	1	
p1015 固定设定值 15	1	1	1	1

【例 3-4】 使用二进制模式选择方式通过 DI1、DI2、DI3 和 DI4 选择电动机运行的固定转速，DI0 为起动信号，参数如何设置？

根据要求，具体设置参数见表 3-11（电动机的相关参数请根据实际所使用的电动机铭牌数据设定）。数字量输入端子接线图请自行绘制。

表 3-11　例 3-4 的参数设置

参数号	参数值	说　　明
p0015	1	预定义宏参数选择固定转速，双线制控制，2 个固定频率
p0840	722.0	将 DI0 作为起动信号，r722.0 为 DI0 状态的参数
p1016	2	固定转速模式采用二进制选择方式
p1020	722.1	将 DI1 作为固定设定值 1 的选择信号，r722.1 为 DI1 状态的参数
p1021	722.2	将 DI2 作为固定设定值 2 的选择信号，r722.2 为 DI2 状态的参数
p1022	722.3	将 DI3 作为固定设定值 3 的选择信号，r722.3 为 DI3 状态的参数
p1023	722.4	将 DI4 作为固定设定值 4 的选择信号，r722.4 为 DI4 状态的参数
p1001~p1015	×××	定义固定设定值 1~15，单位 r/min
p1070	1024	定义固定设定值作为主设定值

【例 3-5】使用二进制模式选择方式通过 DI0 控制电动机正转，DI1 控制电动机反转，正反转时运行速度均为 500 r/min，其参数如何设置？

根据要求，具体参数设置见表 3-12，正反转起停信号在接口宏 1 中默认为 DI0 和 DI1，相关参数为 p3330 和 p3331（电动机的相关参数请根据实际所使用的电动机铭牌数据设定）。数字量输入端子接线图请读者自行绘制。

表 3-12　例 3-5 的参数设置

参数号	参数值	说　　明
p0015	1	预定义宏参数选择固定转速，双线制控制，2 个固定频率
p1003	500	固定转速 3
p3330	722.0	将 DI0 作为正向起停信号，r722.0 为 DI0 状态的参数（默认值）
p3331	722.1	将 DI1 作为反向起停信号，r722.1 为 DI1 状态的参数（默认值）

本例如果要求将数字量输入 DI2 定义为电动机正向起停信号，DI3 定义为电动机反向起停信号，则将表 3-12 中的 p3330 设置为 722.2，p3331 设置为 722.3。

3.1.6　变频器 2/3 线控制

如果选择通过数字量输入来控制变频器起停，需要通过参数 p0015 定义数字量输入如何起动/停止电动机，如何在正转和反转之间进行切换。有 5 种接口宏用于控制电动机的起停及正反转，其中 3 种方法通过 2 个控制指令进行控制，又称双线制控制；另外 2 种方法需要 3 个控制指令，又称三线制控制。这 5 种宏的起停命令来自数字量输入端子，而电动机的运行频率均来自模拟量 AI0。G120 的 2/3 线控制方式如图 3-7 所示。

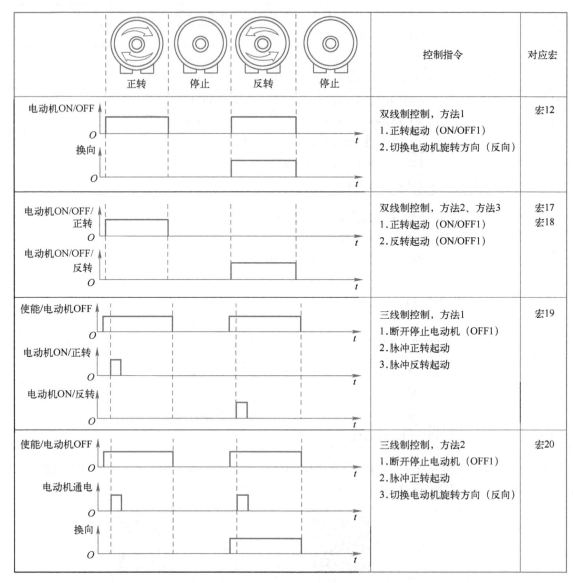

图 3-7　变频器 G120 2/3 线控制

两线制控制方法 2（宏 17）与方法 3（宏 18）的区别：

1）两线制控制方法 2 只能在电动机停止时接收新的控制指令，如果控制指令 1 和 2 同时接通，电动机按照之前的旋转方向旋转。

2）两线制控制方法 3 可以在任何时刻接收新的控制指令，如果控制指令 1 和 2 同时接通，电动机按照 OFF1 斜坡停止。

3.1.7　电动电位器（MOP）给定

变频器的电动电位器（Motor Potentiometer，MOP）功能是通过变频器的数字量端口的通断来控制变频器输出频率的升降，又称为 UP/DOWN（远程遥控设定）功能。很多变频器的

MOP 功能都是通过多功能数字量输入端口进行设定的。

　　要实现变频器的 MOP 功能，首先通过接口宏预置 2 个端子的 MOP 功能，然后才能通过预置为 UP 或 DOWN 功能的数字量输入端子的通或断来实现变频器输出频率的上升或下降。

　　MOP 初始值可通过参数 p1040 进行修改，当预置为 UP 功能的控制端子接通时，变频器的输出频率上升，断开时，变频器将以断开时的频率运行；当预置为 DOWN 功能的控制端子接通时，变频器的输出频率下降，断开时，变频器将以断开时的频率运行，如图 3-8 所示。用 UP 和 DOWN 端子控制频率的升降要比用模拟量输入端子控制稳定性好，因为该端子为数字量控制，不易受干扰信号的影响。

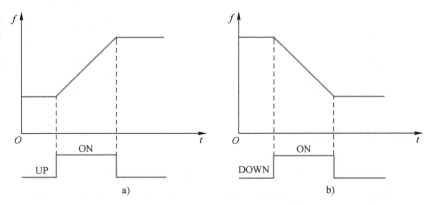

图 3-8　MOP 功能的频率上升与频率下降控制曲线
a）频率上升　b）频率下降

　　实质上，MOP 功能就是通过数字量端口来实现面板上的键盘给定（▲/▼键）。

　　【例 3-6】使用 G120 变频器通过 2 个按钮的通断实现电动机运行速度的增大或降低，即电动机起动后，按下按钮 SB1，电动机运行速度增大，按下按钮 SB2 时，电动机运行速度降低。请设计系统控制方案及变频器的参数设置。

　　根据控制要求可知，使用 G120 变频器的宏 8 或 9 便可实现，其接口宏 8 和 9 端子定义如图 3-2 所示。

　　根据图 3-2 中接口宏的端子定义本例 G120 变频器端子线路连接如图 3-9 所示，使用端子 DI0 作为电动机的起停控制端，使用端子 DI1 作为电动机运行速度增加的控制端子，使用端子 DI2 作为电动机运行速度降低的控制端子。变频器的参数设置见表 3-12，所使用的电动机铭牌数据见表 3-13。

表 3-13　例 3-5 的参数设置

参数号	参数值	功　　能
p0010	1/0	驱动参数筛选，先设置为 1，当把下列参数设置好后再设置为 0
p0015	8/9	驱动设备宏指令，为 8/9 时电动电位器（MOP）功能
P0304	400	电动机的额定电压，单位 V
P0305	0.30	电动机的额定电流，单位 A
P0307	0.04	电动机的额定功率，单位 kW
P0310	50.00	电动机的额定频率，单位 Hz
P0311	1430	电动机的额定转速，单位 r/min
P1082	1500	电动机的最大转速，单位 r/min

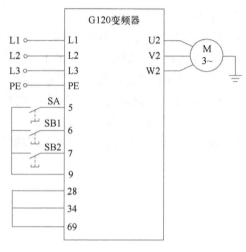

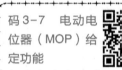

码 3-7　电动电位器（MOP）给定功能

图 3-9　例 3-6 变频器控制端子线路连接

3.1.8　本地/远程切换控制

在大型控制系统中变频器的运行一般由远程控制，在一些特殊情况下也经常需要在生产现场进行调试，这种情况下就需要使用变频器的本地/远程切换控制功能。一般情况下现场（机箱旁）都采用手动控制，远程（中控室）多采用自动控制。变频器系统软件本身有 2 套命令数据组（CDS），最多可以选择 4 套命令数据组，在每套参数里面设置不同的命令源和给定值源，通过选择不同的命令数据组从而实现本地/远程的切换（有时候在本地也需要 2 套数据组进行控制变频器的运行）。

当宏程序可以实现要求的控制方式切换时，选择宏程序。G120 变频器的控制单元 CU240B-2 DP 支持宏 7；控制单元 CU240E-2、CU240E-2 F 支持宏 15；控制单元 CU240E-2 DP、CU240E-2 DP F、CU240E-2 PN、CU240E-2 PN F 支持宏 7、宏 14 和宏 15。

当宏程序无法满足设计要求时，可通过修改参数 p0810 和 p0811 所定义的信号源的状态来选择命令数据组（CDS），见表 3-14。

表 3-14　命令数据组切换的相关参数

选择的命令数据组	p0811 命令数据组选择位 1 信号源	p0810 命令数据组选择位 1 信号源
CDS0	0	0
CDS1	0	1
CDS2	1	0
CDS3	1	1

若本地由端子起停变频器、电位器调速，远程由总线控制，以数字量输入端 DI3 作为切换命令，其控制示意图如图 3-10 所示（DI3 接通时本地控制，断开时远程控制），参数设置见表 3-15。

表 3-15　本地/远程切换控制示例的参数设置

参数号	参数值	说　明
p0810	722.3	将 DI3 作为切换命令
p0700[0]	2	第 0 组参数（CDS0）为本地操作方式，端子起动
p1000[0]	2	第 0 组参数（CDS0）为本地操作方式，电位器调节速度
p0700[1]	6	第 1 组参数（CDS0）为远程操作方式，PROFIBUS 通信控制起停
p1000[1]	6	第 1 组参数（CDS0）为远程操作方式，PROFIBUS 通信调节起停

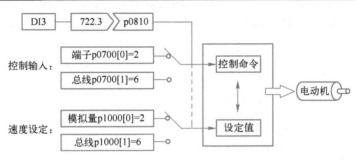

图 3-10　本地/远程切换控制示意图

【例 3-7】变频器工作在"自动"模式时，运行速度取决于工业现场传送器实时采集的数据；工作在"手动"模式时，运行速度需要通过手动改变，手动调速时其最高转速不得超过 1200 r/min，最低转速不得低于 400 r/min。

根据控制要求可知，使用接口宏 15 便可实现上述控制要求，具体参数设置见表 3-16。

表 3-16　例 3-7 的参数设置

参数号	参数值	说　明
p0015	15	模拟给定和电动电位器切换
p0810	722.3	将 DI3 作为切换命令，r0722.3 为 DI3 状态的参数（默认值）
p1040	800	电动电位器初始值
p1037	1200	电动电位器最大转速
p1038	400	电动电位器最小转速
p1035	722.4	将 DI4 作为提高电动电位器设定值控制端（默认值）
p1036	722.5	将 DI5 作为降低电动电位器设定值控制端（默认值）

【例 3-8】变频器工作在"自动"模式时，变频器的控制由远程总线控制；工作在"手动"模式时，运行速度及方向由手动操作控制。

根据控制要求可知，使用接口宏 7 便可实现上述控制要求，具体参数设置见表 3-17。

表 3-17　例 3-8 的参数设置

参数号	参数值	说　明
p0015	7	现场总线和点动切换
p0810	722.3	将 DI3 作为切换命令，r0722.3 为 DI3 状态的参数（默认值）
p1055	722.0	将 DI0 作为 JOG1 控制端（默认值）

（续）

参数号	参数值	说　　明
p1056	722.1	将 DI1 作为 JOG2 控制端（默认值）
p1058	200	JOG1 转速设置值（默认值 150 r/min）
p1059	−200	JOG2 转速设置值（默认值−150 r/min）

【例 3-9】电动机工作在"高速"模式时，电动机运行速度分别为 1000 r/min 和 1200 r/min；当电动机工作在"低速"模式时，电动机运行速度分别为 300 r/min 和 500 r/min。

根据控制要求可知，使用接口宏 1 便可实现上述控制要求，具体参数设置见表 3-18。

表 3-18　例 3-9 的参数设置

参数号	参数值	说　　明
p0015	1	双线制控制，2 个固定速度
p0810	722.3	将 DI3 作为切换命令，r0722.3 为 DI3 状态的参数（默认值）
p1055	722.0	将 DI4 作为 JOG1 控制端（默认值）
p1056	722.1	将 DI1 作为 JOG2 控制端（默认值）
p1058	200	JOG1 转速设置值（默认值 150 r/min）
p1059	−200	JOG2 转速设置值（默认值−150 r/min）

3.1.9　停车方式

停车指的是通过变频器的参数设置将电动机的转速降到零的操作，CU240E-2 支持的停车方式见表 3-19。

表 3-19　CU240E-2 支持的停车方式

停车方式	功　能　解　释	对应参数	说　　明
OFF1	变频器将按照参数 p1121 所设定的斜坡下降时间减速	p0840	OFF1 停车信号源
OFF2	变频器封锁脉冲输出，电动机靠惯性自由旋转停车。如果使用抱闸功能，变频器立即关闭抱闸	p0844	OFF2 停车信号源 1
		p0845	OFF2 停车信号源 2
OFF3	变频器将按照参数 p1135 所设定的斜坡下降时间减速	p0848	OFF3 停车信号源 1
		p0849	OFF3 停车信号源 2

注：停车方式优先级：OFF2>OFF3>OFF1

通过 BICO 功能在 OFFx 停车信号源中定义停车命令，在该命令为低电平时执行相应的停车命令。如果同时使能了多种停车方式，则变频器按照优先级最高的停车方式停车。

 说明：

如果 OFF2、OFF3 命令已经激活，则必须首先取消 OFF2、OFF3 命令，重新发出起动命令，变频器才能起动。

停车命令的使用示例：如使用 DI0 作为 ON/OFF1 指令，DI1 作为 OFF2 停止指令，其停车命令的参数设置见表 3-20。

表 3-20　停车命令的参数设置

参数号	参数值	说　　明
p0840	722.0	将 DI0 作为 ON/OFF1 信号，r0722.0 为 DI0 状态的参数
p0844	722.1	将 DI1 作为 OFF2 命令，r0722.1 为 DI1 状态的参数

3.1.10　使用调试软件实现固定速度运行

本节主要介绍使用 Startdrive V16 调试软件在线控制 G120 变频器的多段速运行，以实现例 3-10 功能为例。

【例 3-10】通过外部开关量实现电动机的 2 个固定转速，分别为 600 r/min 和 1200 r/min，要求数字量输入端子 DI0 为变频器的起停控制端、DI1 为转速 600 r/min 控制端，DI2 为转速 1200 r/min 控制端。变频器的端子接线图请自行绘制。

1. 转至在线

使用"离线"或"在线"方法创建新项目后，可按 2.2.3 节介绍的方法将变频器的控制单元转至在线状态。

2. 显示参数

双击调试软件编辑窗口左侧项目树中"驱动_1"文件夹下的"参数"，在右侧打开的"参数"窗口右上角选择"参数视图"选项卡，然后在"参数表"中选择"全部参数"，此时变频器所有参数都将显示出来，如图 3-11 所示。

图 3-11　控制单元的"参数视图"选项卡

3. 修改参数

本例可使用接口宏 1、2 或 3，在此使用接口宏 1。根据例 3-10 要求可知参数设置，见表 3-21

（表 3-21 中默认值可不用设置）。

表 3-21　例 3-10 的参数设置

参数号	参数值	功　能
p0840	722.0	将 DI0 作为起动信号，r722.0 为 DI0 状态的参数（默认值）
p0010	1/0	先设置为 1，参数设置完成后再设置为 0
p0015	1	选择接口宏 1
p1016	1	固定转速模式采用直接选择方式（默认值）
p1020	722.1	将 DI1 作为固定设定值 1 的选择信号，r722.1 为 DI1 状态的参数
p1021	722.2	将 DI2 作为固定设定值 2 的选择信号，r722.2 为 DI2 状态的参数
p1022		取消使用
p1023		取消使用
p1001	600	定义固定设定值 1，单位 r/min
p1002	1200	定义固定设定值 2，单位 r/min
p1070	1024	定义固定设定值作为主设定值（默认值）
P0304	400	电动机的额定电压，单位 V
P0305	0.30	电动机的额定电流，单位 A
P0307	0.04	电动机的额定功率，单位 kW
P0310	50.00	电动机的额定频率，单位 Hz
P0311	1430	电动机的额定转速，单位 r/min
P1082	1200	电动机的最大转速，单位 r/min

在打开的"参数视图"中将参数 p0010 修改为 1，p0015 修改为 1，p1001 = 600，p1002 = 1200。在"参数视图"选项卡中无法找到固定设定值选择信号的参数 p1020~p1023（见图 3-11），这时可切换至"功能视图"模式。单击"参数"窗口右上角的"功能视图"标签，打开功能视图选项卡，如图 3-12 所示。

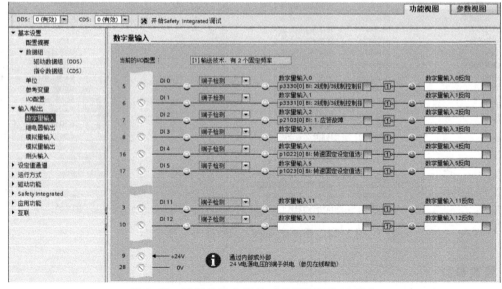

图 3-12　数字量输入端的"功能视图"选项卡

根据例 3-10 要求及表 3-21 中的参数设置，在"功能视图"编辑窗口中对数字量输入端子 DI0~DI5 接口功能进行修改。

1）将鼠标移至"数字量输入 1"参数修改按钮■上，待该按钮内部自动变为"浅蓝色"时单击，弹出图 3-13 所示的数字量输入端子接口功能参数修改对话框。在"当前选择"列表框中显示数字量输入 1 的当前选择为"p3331[0]"，即变频器的反向起停控制。

2）向下拖动"参数名称"列表框右侧的滚动条，显示到所需要更改的参数号为止。

3）勾选"p1020[0] BI：转速固定设定值选择位 0"复选按钮，同时该行显示在"当前选择"列表框中（见图 3-13）。

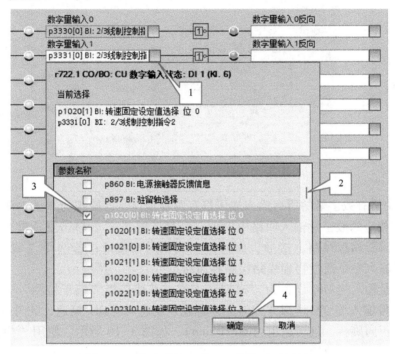

图 3-13　数字量输入接口功能设置对话框 1

4）单击数字量输入接口功能对话框中的"确定"按钮■确定，此时"数字量输入 1"参数更改为"p1020[0]"，如图 3-14 所示。

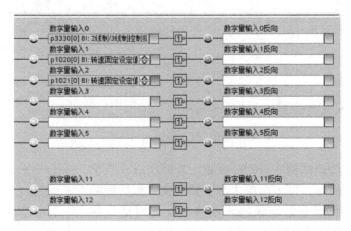

图 3-14　数字量输入接口功能设置对话框 2

用同样的方法，将"数字量输入2"修改为"p1021［0］"，并取消勾选"数字量输入4"和"数字量输入5"复选按钮转速固定设定值选择位2和3。

4. 功能调试

现将数字量输入端DI0和DI1端接通，此时可以看到变频器驱动电动机正向旋转，且转速为600 r/min，同时在"功能视图"上也可以看到数字量输入端DI0和DI1后面的圆心变为亮绿色，其他未接通的数字量输入端后面的圆心仍为暗灰色，如图3-15所示。

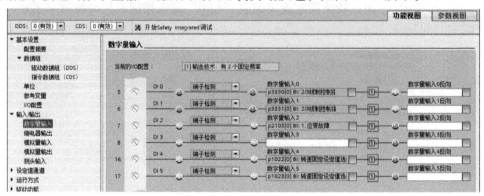

图3-15 数字量输入端参数设置

在图3-15中所有数字量的所有输入端子都有两种选择，即模拟与端子检测。若选择"模拟"选项，则在相应的数字量输入回路中出现一个复选框"▢"，单击复选框，即勾选中，表示此路数字量不需要物理线路上接通，而通过在线已虚拟接通；若选择"端子检测"选项，即表示该数字量输入端是通过物理线路检测其通断。

现在将数字量输入端DI0设置为"模拟"方式，其他选择"端子检测"方式，再进行功能调试（将数字量输入端DI0模拟方式勾选，将数字量输入端DI1接通，此时可以看到变频器驱动电动机也是正向旋转，且转速也为600 r/min），如图3-16所示。使用"模拟"方式更便于设备的调试，当然也应慎用。

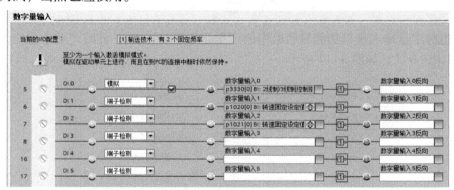

图3-16 数字量输入端模拟

可按上述两种方法调试例3-10的功能。若再次修改数字量输入端子的接口功能时，可多次单击参数修改文本框后面的上或下箭头按钮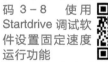，便可在数字量输入端接口功能对话框的"当前选择"文本框中选择当前输入端口的功能参数。

码3-8 使用Startdrive调试软件设置固定速度运行功能

3.2 案例 5 电动机的 7 段速运行控制

3.2.1 任务导入

变频器的多段速运行在很多设备上都普遍使用，无论是由转换开关直接控制，或是通过 PLC 编程控制，因此，本节主要任务是通过转换开关和 PLC 分别实现电动机的 7 段速运行控制，具体运行转速分别为 300 r/min、400 r/min、500 r/min、700 r/min、800 r/min、900 r/min、1200 r/min。

3.2.2 任务实施

是否需要复位及快速调试，用户可根据实际情况进行。本案例采用直接选择和二进制编码选择两种方法分别实现。

1. 直接选择

（1）参数设置

通过面板或调试软件 Startdrive 进行参数设置，本案例中设置 DI0 为起停控制端，DI1 为固定转速 1，DI2 为固定转速 2，DI3 为固定转速 3，通过 DI2、DI3 或 DI4 相互叠加实现其他转速。参数具体设置见表 3-22（电动机的额定参数请根据实际使用的电动机参数进行设置）。

表 3-22　电动机七段速运行的参数设置（直接选择）

参数号	参数值	说　　明
P0015	1	预定义宏参数选择固定转速，双线制控制，2 个固定频率
P1016	1	固定转速模式采用直接选择方式（默认值）
P1020	722.1	将 DI1 作为固定设定值 1 的选择信号，r722.1 为 DI1 状态的参数
P1021	722.2	将 DI2 作为固定设定值 2 的选择信号，r722.2 为 DI2 状态的参数
P1022	722.3	将 DI3 作为固定设定值 3 的选择信号，r722.3 为 DI3 状态的参数
P1001	300	定义固定设定值 1，单位 r/min
P1002	400	定义固定设定值 2，单位 r/min
P1003	500	定义固定设定值 3，单位 r/min
P1082	1200	变频器运行频率上限，单位 r/min

利用开关的不同组合实现第 4、5、6 和第 7 段速，最高转速也可利用频率上限实现的。

（2）硬件连接

1）使用开关直接控制。

若使用开关直接实现 7 段速，则外部开关的连接如图 3-17 所示（注意：28 号端子应与 34 及 69 号端子相连接）。开关 S1 作为起停信号，开关 S2 作为第一固定转速，开关 S3 作为第二固定转速，开关 S4 作为第三固定转速。

2）使用 PLC 控制。

当使用 PLC（本书若无特殊说明，所使用的 PLC 均为西门子 S7-1200 PLC）控制变频器的多段速时，如果 PLC 使用继电器输出型 CPU，只需将 PLC 的输出模块的公共端与变频器的 9 号端子相连，28 号端子与 34 及 69 号端子相连，PLC 的输出模块的输出端与变频器的数字量输入端相连，如图 3-18 所示。如果 PLC 使用晶体管输出型 CPU（西门子的 S7-1200 PLC 为 PNP 型输出，G120 变频器默认为 PNP 型输入），本案例的 PLC 与变频器的连接可使用图 3-19（使用变频器内部提供的直流 24 V 电源）和图 3-20（使用外部提供的直流 24 V 电源）所示方法进行连接。

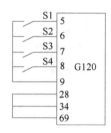

图 3-17　使用开关直接控制 7 段速

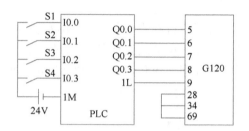

图 3-18　使用 PLC 控制 7 段速 1

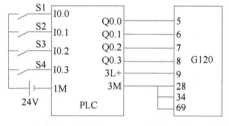

图 3-19　使用 PLC 控制 7 段速 2

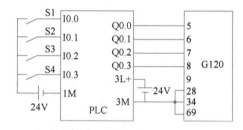

图 3-20　使用 PLC 控制 7 段速 3

当然，在使用 PLC 控制变频器的多段速运行时，也可以采用下述方法：PLC 输出驱动多个线圈额定电压为直流 24 V 的中间继电器，然后将中间继电器的常开触点直接与变频器的输入端子相连。

（3）使用开关直接控制电路连接的调试

首先闭合开关 S1，给变频器一个起动信号，观察变频器是否能起动，电动机转速是否为 0。如果变频器已起动，则保持开关 S1 一直处于闭合状态，然后再闭合其他开关，具体操作见表 3-23。

表 3-23　电动机的 7 段速运行调试

S1	S2	S3	S4	电动机转速/(r/min)
√				0
√	√			300
√		√		400
√			√	500
√	√	√		700
√	√		√	800
√		√	√	900
√	√	√	√	1200

如果按上述调试方法，电动机的转速与控制要求一致，则说明变频器的参数设置正确。

（4）使用 PLC 控制 7 段速程序及调试

由于 PLC 的输入端子连接的是开关，所以程序只需编写成点动程序即可，如图 3-21

所示。

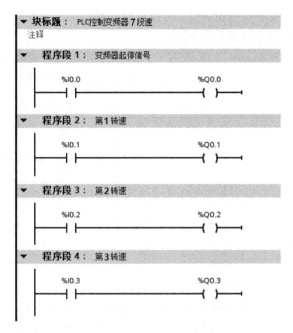

图 3-21　PLC 控制 7 段速程序

使用 PLC 控制 7 段速的调试过程与开关直接控制电路连接的调试相同。

2. 二进制编码选择

（1）参数设置

在本案例中设置 DI0 为起停控制端、DI1 为固定转速 1，DI2 为固定转速 2，DI3 为固定转速 3，通过 DI1、DI2 和 DI3 相互组合实现 7 段转速，参数具体设置见表 3-24。

表 3-24　电动机 7 段速运行的参数设置（二进制编码选择）

参数号	参数值	说　明
P0015	1	预定义宏参数选择固定转速，双线制控制，2 个固定频率
P1016	2	固定转速模式采用二进制编码选择方式
P1020	722.1	将 DI1 作为固定设定值 1 的选择信号，r722.1 为 DI1 状态的参数
P1021	722.2	将 DI2 作为固定设定值 2 的选择信号，r722.2 为 DI2 状态的参数
P1022	722.3	将 DI3 作为固定设定值 3 的选择信号，r722.3 为 DI3 状态的参数
P1001	300	定义固定设定值 1，单位 r/min
P1002	400	定义固定设定值 2，单位 r/min
P1003	500	定义固定设定值 3，单位 r/min
P1004	700	定义固定设定值 4，单位 r/min
P1005	800	定义固定设定值 5，单位 r/min
P1006	900	定义固定设定值 6，单位 r/min
P1007	1200	定义固定设定值 7，单位 r/min
P1082	1200	变频器运行频率上限，单位 r/min

（2）硬件连接

变频器的输入端子连接请参照图 3-17 进行自行连接。

（3）使用开关直接控制电路连接的调试

首先闭合开关 S1，给变频器一个起动信号，观察变频器是否能起动。如果变频器已起动，则保持开关 S1 一直处于闭合状态，然后再闭合其他开关，具体操作见表 3-25。

表 3-25　电动机的 7 段速运行调试表（二进制编码选择）

S1	S4	S3	S2	电动机转速/(r/min)
√				0
√			√	300
√		√		400
√		√	√	500
√	√			700
√	√		√	800
√	√	√		900
√	√	√	√	1200

如果按上述调试方法，电动机的转速与控制要求一致，则说明变频器的参数设置正确。如果使用 PLC 及二进制编码选择方式控制，其程序同图 3-21，调试方法同表 3-25。

码 3-9　多段速运行的 PLC 控制系统设计

3.2.3　任务拓展

使用二进制编码选择方式或再配合 PLC 实现电动机的 15 段速控制，电动机运行的速度由读者自行设定。

码 3-10　可逆运行的 PLC 控制系统设计

3.2.4　技能认证

电工职业技能鉴定国家题库中涉及变频器的试题均要求参加考核者根据考核现场设备上所提供的变频器完成变频器相关试题的设计、安装与调试任务。

试题 1：有 1 台三相异步电动机型号为 Y-112M-4，额定功率为 4 kW、额定电压为 380 V、额定电流为 8.8 A、△联结、转速为 1440 r/min。根据以下控制要求，设计变频器控制三相异步电动机 10 段速起动运行电气线路，并进行电气线路的安装与调试。

三相异步电动机能 10 段速起动运转。

三相异步电动机具有短路保护、过载保护、零电压保护和欠电压保护。

1）本题分值：40 分

2）考核时间：210 min

3）考核形式：现场操作

4）具体考核要求：

① 根据给定任务的要求，按国家电气绘图规范及标准，绘制成变频器控制的电路图，写出变频器需要设定的参数。

② 元件在配电板上布置要合理，安装要准确紧固、美观。

③ 熟练操作变频器键盘，并能正确输入参数。按照被控制设备要求，进行正确的调试。

5）否定项说明：电路设计达不到功能要求，此题无分。

试题 2：三相交流异步电动机变频器控制装调

考试时间：60 min　考核方式：实操+笔试　本题分值：30 分

笔试部分：

1）正确使用工具，简述剥线钳的使用方法。

2）正确使用仪表，简述功率表的使用方法。

3）安全文明生产，回答照明灯的电压为什么采用 24 V。

操作部分：

1）正确绘制三相交流异步电动机变频器控制系统模块接线图。

2）安装与接线。

3）将变频器设置成端口操作运行状态，线性 V/F 控制方式，三段固定频率控制。

设置三段固定频率运行，上升时间为 3 s，下降时间为 2 s。

第一段固定频率为 25 Hz；第二段固定频率为 45 Hz；第三段固定频率为 −35 Hz。

4）按以上要求自行设置参数并调试运行，结果向考评员演示。

5）按要求写出变频器设置参数清单。

试题 3：三相交流异步电动机变频器控制装调

考试时间：60 min　考核方式：实操+笔试　本题分值：35 分

具体考核要求：依据图 3-22 的控制要求，绘制三相异步电动机的变频器控制线路图，按照电气安装规范，正确完成变频器调速线路的安装、接线和调试。

按下起动按钮后电动机按照图 3-22 要求运行。工作方式设置：手动时，按下手动起动按钮，按照图 3-22 要求完成一次工作过程；按下自动按钮，能够重复循环工作过程。控制系统要求有必要的电气保护环节。

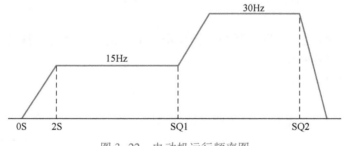

图 3-22　电动机运行频率图

笔试部分：

1）依据控制要求，在答题纸上正确绘制三相异步电动机的变频器控制线路图，并正确设置变频器参数。

2）正确使用工具：简述螺钉旋具的使用注意事项。

3）正确使用仪表：简述指针万用表电阻档的使用方法。

4）安全文明生产：回答何为安全电压。

操作部分：

1）按照电气安装规范，依据绘制的三相异步电动机的变频器控制线路图，正确完成变频器调速线路的安装、接线和调试。

2）正确设置变频器参数。

3）通电运行。

在此处绘制三相异步电动机的变频器控制线路图。

试题 4：三相交流异步电动机变频器控制装调

考试时间：60 min　考核方式：实操+笔试　本题分值：35 分

具体考核要求：依据图 3-23 的控制要求，绘制三相异步电动机的变频器控制线路图，按照电气安装规范，正确完成变频器调速线路的安装、接线和调试。

按下起动按钮后，电动机按照图 3-23 要求运行。工作方式设置：手动时，按下手动起动按钮完成一次工作过程；按下自动按钮，能够重复循环工作过程。控制系统要求有必要的电气保护环节。

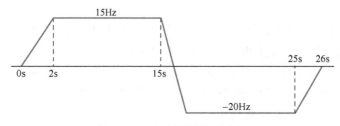

图 3-23　电动机运行频率图

笔试部分：

1）依据控制要求，在答题纸上正确绘制三相异步电动机的变频器控制线路图，并正确设置变频器参数。

2）正确使用工具：简述剥线钳使用方法。

3）正确使用仪表：简述功率表的使用方法。

4）安全文明生产，回答照明灯的电压为什么采用 24 V。

操作部分：

5）按照电气安装规范，依据绘制的三相异步电动机的变频器控制线路图，正确完成变频器调速线路的安装、接线和调试。

6）正确设置变频器参数。

7）通电运行。

在此处绘制三相异步电动机的变频器控制线路图。

3.3　数字量输出

3.3.1　端子及连接

图 3-24 为 G120 变频器控制单元 CU240E-2 接线端子示意图，该控制单元为用户提供 2 路继电器输出和 1 路晶体管输出。18、19 和 20 是继电器输出 DO0，其中端子 20 是公共端，18 与 20 是常闭触点，19 与 20 是常开触点；21 和 22 是晶体管输出 DO1，为断开状态；23、24 和 25 是继电器输出 DO2，其中端子 25 是公共端，23 与 25 是常闭触点，24 与 25 是常开触点。

3.3.2　相关参数

G120 变频器数字输出的功能与端子号及参数号对应关系见表 3-26。

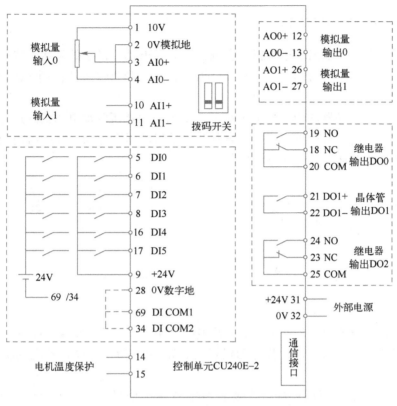

图 3-24　控制单元 CU240E-2 接线端子

表 3-26　G120 变频器数字输出的功能与端子号及参数号对应关系

数字输出编号	端子号	对应参数号
数字输出 0，DO0	18、19、20	P0730
数字输出 1，DO1	21.22	P0731
数字输出 2，DO2	23、24、25	P0732

3 路数字量输出的功能相同，在此以数字量输出 DO0 为例，常用的输出功能设置见表 3-27。DO0 默认为故障输出，DO1 默认为报警输出。

表 3-27　数字输出 DO0 的常用功能

参数号	参数值	功　　能
P0730	0	禁用数字量输出
	52.0	变频器接通就绪
	52.1	变频器运行就绪
	52.2	变频器运行使能
	52.3	存在故障
	52.7	存在报警
	52.10	达到最大转速
	52.11	达到 I、M、P 极限
	52.14	电动机正向旋转
	52.15	变频器过载报警

3.3.3 数字量输出应用

常用变频器的数字量输出端子来指示变频器所驱动电动机是否处于运行状态，这时需设置参数 P0730 = 52.1（以 DO0 为例），同时，在输出端子 19 和 20 之间接一个电源的指示灯即可，如图 3-25 所示。

【例 3-11】 利用变频器的数字量输出端子来指示变频器所驱动电动机的运行方向。

首先要判断电动机是否运行，运行后再判断电动机的运行方向，因此需使用 2 路数字量输出来实现此要求，线路连接如图 3-26 所示。

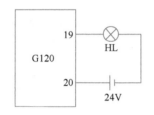

图 3-25 变频器运行状态指示

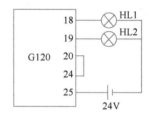

图 3-26 电动机正反向运行状态指示

除硬件连接外还需要设置以下参数：P0730 = 52.14、P0732 = 52.1。即变频器运行时，端子 24 和 25 之间的常开触点导通，若电动机正转，则 HL2 指示灯亮；若电动机反转，则 HL1 指示灯亮。

在变频器数字量输出应用现场常需要将数字量输出信号取反，这时可通过参数 p0748 来设置。p0748[0] 对应数字量输出 0（DO0）、p0748[1] 对应数字量输出 1（DO1）、p0748[2] 对应数字量输出 2（DO2），比较简单的做法是通过调试软件修改，然后将项目下载到变频器中。

码 3-11 G120 数字量输出功能设置

3.3.4 使用调试软件修改数字量输出参数

1. 转至在线

使用"离线"或"在线"方法创建新项目后，读者可按 2.2.3 节介绍的方法将变频器的控制单元转至在线状态。

2. 修改参数

双击调试软件编辑窗口左侧项目树中"驱动_1"文件夹下的"参数"，在右侧打开的"参数"窗口右上角选择"功能视图"标签，在"功能视图"选项卡中双击"输入/输出"中的"继电器输出"，打开"继电器输出"的功能视图（见图 3-27）。从图 3-27 可以看到每个继电器输出端口的默认设置参数、继电器输出端子号、常开和常闭触点等。如果继电器输出满足所设置的参数条件，则相应继电器端口有输出，后面的圆心变成亮绿色，如图 3-27 中的继电器输出 0，而且触点也随之动作。

在图 3-27 中继电器输出 0 有输出，但后级没有设置"输出反向"，即没有取反输出，所以在"输出反向"前面及后面的圆心颜色相同；而继电器输出 1 被设置为"输出反向"（具体操作：单击"输出反向"右下角的不取反按钮，此时变为取反按钮，再次单击取反按钮又变为不取反按钮），则继电器输出 1 输出取反了。

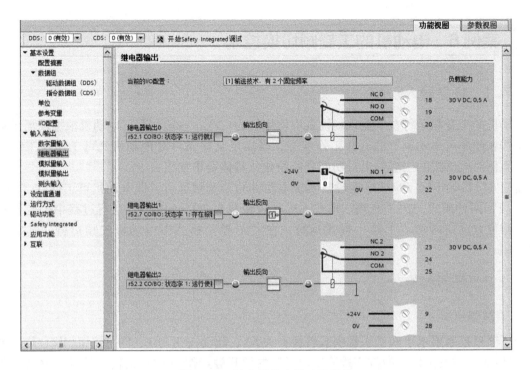

图 3-27　继电器输出的功能视图

如果需要更改某个继电器输出参数，如将继电器输出 1 的参数 P731 更改为 r52.2，则单击继电器输出 1 下方参数设置文本框后面的按钮▉，弹出参数设置对话框（见图 3-28），选中"r52.2 CO/BO：状态字 1：运行使能"，再单击右下角的"确定"按钮 确定 。

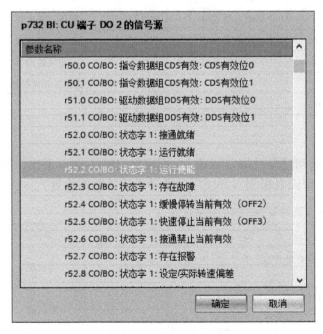

图 3-28　继电器输出参数设置对话框

码 3-12　使用 Startdrive 调试软件修改数字量输出参数

3.4 案例6 电动机的工变频切换控制

3.4.1 任务导入

电动机的工变频运行在工业现场设备中使用较为广泛，一般情况下电动机根据现场采集的信号工作在频率可自动调节的变频工作状态，当满足某些条件时电动机又可工作在工频状态下。本案例对电动机的工变频运行功能有所简化，具体要求如下：

使用 S7-1200 PLC 和 G120 变频器实现电动机的工变频运行，即电动机可工作在"变频"或"工频"两种模式，在"变频"模式下运行时转速为 750 r/min，在运行过程中若变频器发生故障则可自动切换到"工频"模式运行；在"工频"模式下电动机工频运行，其转速为1430 r/min。

3.4.2 任务实施

1. 原理图绘制

分析项目控制要求可知：工作模式转换开关 SA、起动按钮 SB1、停止按钮 SB2、热继电器 FR 及发生故障时发出信号的数字量输出端子等的常开触点作为 PLC 的输入信号；驱动工频运行接触器 KM1，变频运行接触器 KM2 和 KM3 的中间继电器 KA1、KA2 和 KA3 的线圈作为 PLC 的输出信号，其项目 I/O 地址分配见表 3-28。按上述分析其控制电路如图 3-29 所示。

表 3-28 电动机工变频运行控制 PLC 的 I/O 地址分配表

输　　入			输　　出		
元　件	输入继电器	作　用	元　件	输出继电器	作　用
转换开关 SA	I0.0	模式选择	中间继电器 KA1	Q0.0	提供工频电源
按钮 SB1	I0.1	电动机起动	中间继电器 KA2	Q0.1	提供变频电源
按钮 SB2	I0.2	电动机停止	中间继电器 KA3	Q0.2	变频输出
热继电器 FR	I0.3	过载保护		Q0.5	变频器起动控制
变频器的继电器输出	I0.4	故障信号			

2. 参数设置

本案例可设置数字量输入端 DI0 作为起动信号及固定转速 1，变频器故障从 DO0 发出，参数具体设置见表 3-29（电动机的额定参数请读者根据实际使用的电动机铭牌数据设置）。

表 3-29 电动机工变频运行控制的参数设置

参数号	参数值	说　　明	备注
p0015	2	预定义宏参数选择固定转速，单方向 2 个固定转速	需设置
p0730	52.3	变频器故障	
p1016	1	固定转速模式采用直接选择方式	默认值
p1020	722.0	将 DI0 作为固定设定值 0 的选择信号，r722.0 为 DI0 状态的参数	
p1001	750	定义固定设定值 1，单位 r/min	需设置

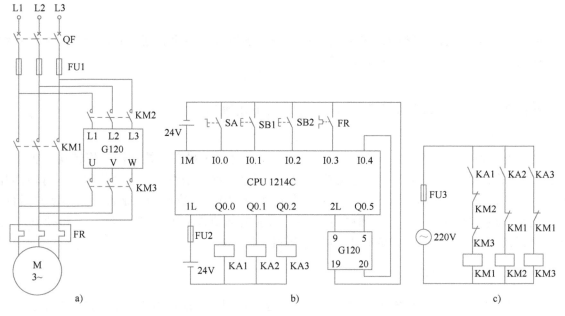

图 3-29　电动机的工变频运行控制原理图

a）主电路　b）I/O 接线图　c）转接电路

3. 硬件组态

新建一个电动机工变频运行控制的项目，再打开编程软件，选择 S7-1200 PLC 的 CPU 1214C 模块。

4. 软件编程

电动机工变频运行的控制程序如图 3-30 所示。

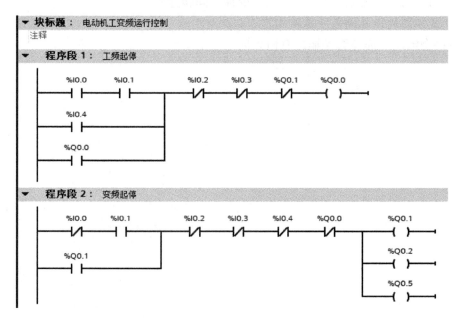

图 3-30　电动机的工变频运行控制程序

5. 硬件连接

请参照图 3-29 的电动机工变频运行控制原理图进行线路连接，连接后再经检查或测量确认连接无误后方可进入下一系统调试环节。

6. 项目下载

选择 PLC_1，将电动机工变频运行控制的项目下载到 PLC 中。

7. 系统调试

硬件连接和项目下载好后，打开 OB1 组织块，启动程序状态监控功能。将转换开关拨至"工频"模式，即 I0.0 导通，按下起动按钮 SB1，观察电动机是否工频起动并运行。将转换开关拨至"变频"模式，即 I0.0 已导通，按下起动按钮 SB1，观察电动机是否变频起动并运行。在"变频"运行状态下，人为接通触点 I0.4，观察电动机能否从"变频"状态切换到"工频"运行状态。如上述内容调试成功，则本案例任务完成。

3.4.3 任务拓展

控制要求同上，控制系统还要求电动机在运行时有相应的运行指示及工作模式指示。

3.5 习题与思考

1. G120 变频器的数字量输入端子分别有哪些？
2. 如何将变频器的模拟量输入端扩展成数字量输入端？
3. 预定义接口宏的作用是什么？控制单元 CU240E-2 为用户提供多少种接口宏？
4. 如何修改宏参数？
5. 固定设定值运行有哪几种模式，有何区别？
6. 使用二进制选择模式，最多能实现多少种不同转速？
7. G120 变频器提供几路数字量输出？
8. 继电器型输出和晶体管型输出有何异同？

第 4 章

G120 变频器的模拟量应用

本章主要介绍 G120 变频器的模拟量输入端子的使用、模拟量输出端子的使用，希望读者通过本章的学习，尽快掌握 G120 变频器模拟量输入/输出端子的参数设置及相应功能的调试方法。

4.1 模拟量输入

4.1.1 端子及连接

G120 变频器控制单元 CU240E-2 为用户提供 2 路模拟量输入。端子 3、4 是模拟量输入 AI0，端子 10、11 是模拟量输入 AI1，如图 4-1 所示。

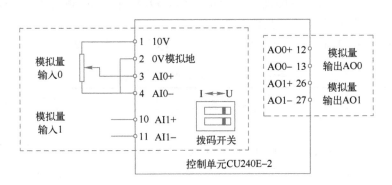

图 4-1　控制单元 CU240E-2 模拟量接线端子

4.1.2 相关参数

2 路模拟量输入的控制参数相同，其 AI0、AI1 相关参数分别在下标［0］、［1］中设置。若使用模拟量输入通道 0 时，参数 p1000 应设置为 2（系统默认设置）；若使用模拟量输入通道 1 时，参数 p1000 应设置为 7。G120 变频器提供多种模拟量输入模式，可以使用参数 p0756 进行选择，具体见表 4-1。

表 4-1 模拟量输入参数 p0756 功能

参数号	CU 上端子号	模拟量	设定值及含义说明
p0756[0]	3、4	AI0	0：单极性电压输入（0~10 V） 1：单极性电压输入，带监控（2~10 V） 2：单极性电流输入（0~20 mA）
p0756[1]	10、11	AI1	3：单极性电流输入，带监控（4~20 mA） 4：双极性电压输入（-10~10 V），出厂设置 8：未连接传感器

注："带监控"是指模拟量输入通道具有监控功能，能够检测断线。

 注意：

必须正确设置模拟量输入通道对应的 DIP 拨码开关的位置。该开关位于控制单元正面保护盖的后面，上面拨码开关为模拟量通道 AI1，下面拨码开关为模拟量通道 AI0。

- 电压输入：当模拟量输入通道对应的 DIP 拨码开关处在右侧"U"位置（出厂设置）。
- 电流输入：当模拟量输入通道对应的 DIP 拨码开关处在左侧"I"位置。

CU240B-2 和 G120C 只有一个模拟量输入，AI 拨码开关无效。

参数 p0756 修改了模拟量输入的类型后，变频器会自动调整模拟量输入的标定。线性标定曲线由两个点(x_1,y_1)和(x_2,y_2)确定，即对应参数（p0757,p0758）和（p0759,p0760），也可以根据需要调整标定，将在 4.1.4 节具体介绍。

以模拟量输入 AI0 标定为例，p0756[0]=4，具体设置见表 4-2。

表 4-2 模拟量输入 AI0 输入参数设置

参数号	设定值	说　明	曲　线　图
p0757[0]	-10	输入电压-10 V 对应-100%的标度，即-50 Hz	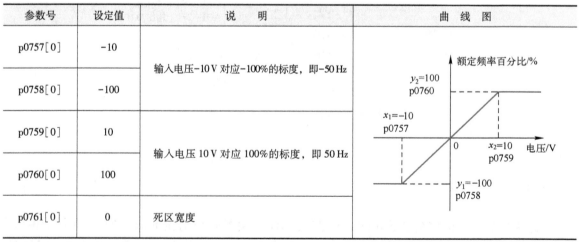
p0758[0]	-100		
p0759[0]	10	输入电压 10 V 对应 100%的标度，即 50 Hz	
p0760[0]	100		
p0761[0]	0	死区宽度	

4.1.3 预定义宏

G120 变频器为用户提供模拟量输入控制电动机运行速度的多种接口宏，见表 4-3。

表 4-3　模拟量输入预定义宏程序

宏程序 12：端子起动模拟量给定设定值　宏程序 13：端子起动模拟量给定设定值，带安全功能	宏程序 15：模拟给定设定值和电动电位器（MOP）切换，DI3 断开时选择模拟量设定方式；DI3 接通时选择电动电位器（MOP）设定方式	
5 DI0 ON/OFF1 6 DI1 换向 7 DI2 应答 8 DI3 16 DI4 〕预留用于 17 DI5 〕安全功能 3/4 AI0 设定值 I□U−10V···10V 10/11 AI1 ··· 18/19/20 DO0 故障 21/22 DO1 报警 12/13 AO0 转速 0~10V 26/27 AO1 电流 0~10V	5 DI0 ON/OFF1 6 DI1 外部故障 7 DI2 应答 8 DI3 LOW 16 DI4 ··· 17 DI5 ··· 3/4 AI0 设定值 I□U−10V···10V 10/11 AI1 ··· 18/19/20 DO0 故障 21/22 DO1 报警 12/13 AO0 转速 0~10V 26/27 AO1 电流 0~10V	5 DI0 ON/OFF1 6 DI1 外部故障 7 DI2 应答 8 DI3 HIGH 16 DI4 MOP升高 17 DI5 MOP降低 3/4 AI0 ··· 10/11 AI1 ··· 18/19/20 DO0 故障 21/22 DO1 报警 12/13 AO0 转速 0~10V 26/27 AO1 电流 0~10V
宏程序 17：双线制控制，方法 2　宏程序 18：双线制控制，方法 3	宏程序 19：三线制控制，方法 1	宏程序 20：三线制控制，方法 2
5 DI0 ON/OFF1/正转 6 DI1 ON/OFF1/反转 7 DI2 应答 8 DI3 ··· 16 DI4 ··· 17 DI5 ··· 3/4 AI0 设定值 I□U−10V···10V 10/11 AI1 ··· 18/19/20 DO0 故障 21/22 DO1 报警 12/13 AO0 转速 0~10V 26/27 AO1 电流 0~10V	5 DI0 使能/OFF1 6 DI1 ON/正转 7 DI2 ON/反转 8 DI3 ··· 16 DI4 ··· 17 DI5 ··· 3/4 AI0 设定值 I□U−10V···10V 10/11 AI1 ··· 18/19/20 DO0 故障 21/22 DO1 报警 12/13 AO0 转速 0~10V 26/27 AO1 电流 0~10V	5 DI0 使能/OFF1 6 DI1 ON 7 DI2 换向 8 DI3 应答 16 DI4 ··· 17 DI5 ··· 3/4 AI0 设定值 I□U−10V···10V 10/11 AI1 ··· 18/19/20 DO0 故障 21/22 DO1 报警 12/13 AO0 转速 0~10V 26/27 AO1 电流 0~10V

注：1. 方法 2：只能在电动机停止后接收新的控制指令，如果端子 5 和 6 同时接通，电动机按照以前的方向旋转。

　　2. 方法 3：电动机在任何时候接收新的控制指令，如果端子 5 和 6 同时接通，电动机将按照 OFF1 斜坡停车。

【例 4-1】通过外部端子控制变频器的起停，电动机的运行速度由连接在变频器模拟量输入通道 0 上的电位器进行调节，当输入电压为 0 时，电动机运行速度为 0；当输入电压为 10 V 时，电动机运行速度为额定转速（如 1430 r/min）。

根据题意可知，使用接口宏 12 便可实现，其变频器的端子接线图如图 4-2 所示。

例 4-1 要求当输入电压为 0 时，电动机运行速度为 0；当输入电压为 10V 时，电动机运行速度为额定转速。本例变频器的参数设置见表 4-4（用户应根据实际使用电动机的铭牌数据设置电动机额定参数）。

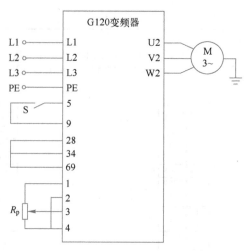

图 4-2 例 4-1 变频器的端子接线图

表 4-4 例 4-1 的参数设置

参数号	参数值	功　　能
p0015	12	端子起动模拟量给定设定值
p0840	722.0	将 DI0 作为起动信号，r722.0 为 DI0 状态的参数（默认值）
p1000	2	模拟量给定运行（选择接口宏为 12 时，参数 p1000 自动修改为 2）
p0756	0	单极性电压输入 0~10 V
p0757	0	输入电压 0V 对应 0%的标度，即频率为 0 Hz（0 r/min）
p0758	0	
p0759	10	输入电压 10 V 对应 100%的标度，即频率为 50 Hz（额定转速）
p0760	100	
P0304	400	电动机的额定电压，单位 V
P0305	0.30	电动机的额定电流，单位 A
P0307	0.04	电动机的额定功率，单位 kW
P0310	50.00	电动机的额定频率，单位 Hz
P0311	1430	电动机的额定转速，单位 r/min
P1082	1500	电动机的最大转速，单位 r/min

本例中如果用户选择接口宏 1 或其他，然后将参数 p1000 修改为 2，变频器的控制端子线路连接仍为图 4-2，亦可实现例 4-1 的控制要求。

码 4-1　G120 模拟量输入功能设置

4.1.4 频率给定线

由模拟量输入控制电动机的运行频率时（或称模拟量频率给定），变频器的给定信号 x 与对应的给定频率 f 之间的关系曲线，称为频率给定线，也就是 4.1.2 节中所说的线性标度。在给定信号 x 从 0 增大到最大值 x_{max} 的过程中，给定频率 f 线性地从 0 增大到最大频率 f_{max} 的频率给定线称为基本频率给定线。

在生产实践中，常常遇到如下情况：生产机械所要求的最低频率及最高频率常常不是 0 Hz 和额定频率 50 Hz，或者说实际要求的频率给定线与基本频率给定线并不一致。因此，用户需要根据生产机械的运行要求对频率给定线进行适当调整，使之符合生产需要。

因为频率给定线是一条直线，两点确定一条直线，所以调整频率给定线的着手点可以取起点和终点。起点通过参数 p0757 和 p0758 进行设置，终点通过参数 p0759 和 p0760 进行设置，如图 4-3 所示。

图 4-3 中频率给定线 1 为基本频率给定线，频率给定线 2 为调整后的实际运行频率给定线。

【例 4-2】通过外部端子控制变频器的起停，电动机的运行速度由连接在变频器模拟量输入通道 0 上的电位器进行调节，当输入电压为 1 V 时，电动机运行频率为 10 Hz；当输入电压为 10 V 时，电动机运行频率为 50 Hz。

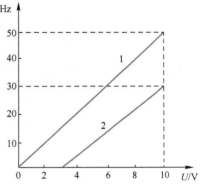

图 4-3　例 4-1 变频器控制端子线路连接

根据题意可知，使用接口宏 12 便可实现，其变频器的端子接线图如图 4-2 所示，其参数设置见表 4-5（用户应根据实际使用电动机的铭牌数据设置电动机额定参数）。

表 4-5　例 4-2 的参数设置

参数号	参数值	功　能
p0015	12	端子起动模拟量给定设定值
p0840	722.0	将 DI0 作为起动信号，r722.0 为 DI0 状态的参数
p1000	2	模拟量给定运行（选择接口宏为 12 时，参数 p1000 自动修改为 2）
p0756	0	单极性电压输入 0~10 V
p0757	1	输入电压 1 V 对应 20% 的标度，即频率为 10 Hz
p0758	20	
p0759	10	输入电压 10 V 对应 100% 的标度，即频率为 50 Hz
p0760	100	
p1080	0	电动机的最小运行速度
P0304	400	电动机的额定电压，单位 V
P0305	0.30	电动机的额定电流，单位 A
P0307	0.04	电动机的额定功率，单位 kW
P0310	50.00	电动机的额定频率，单位 Hz
P0311	1430	电动机的额定转速，单位 r/min
P1082	1500	电动机的最大转速，单位 r/min

请根据表 4-5 中参数设置自行绘制频率给定线，试问如果变频器的给定电压为 0.5V，则变频器输出频率（电动机工作频率）为多少？

【例 4-3】通过烟雾传感器的检测信号控制排风机的运行速度，要求烟雾传感器输出 4~20 mA 电流信号，排风机运行频率为 0~50 Hz。

根据题意可知，使用接口宏 12 便可实现，其变频器的端子线路连接如图 4-4 所示。注意：应将模拟量输入通道 AI0 的拨码开关拨至左侧 "I" 处。其参数设置见表 4-6（用户应根据实际使用电动机的铭牌数据设置电动机额定参数，在此省略）。

表 4-6　例 4-3 的参数设置

参数号	参数值	功　能
p0015	12	端子起动模拟量给定设定值
p0840	722.0	将 DI0 作为起动信号，r722.0 为 DI0 状态的参数（默认值）

（续）

参数号	参数值	功　　能
p1000	2	模拟量给定运行（选择接口宏为 12 时，参数 p1000 自动修改为 2）
p0756	2	单极性电流输入 0~20 mA
p0757	4	输入电流 4 mA 对应 0% 的标度，即频率为 0 Hz
p0758	0	
p0759	20	输入电流 20 mA 对应 100% 的标度，即频率为 50 Hz
p0760	100	

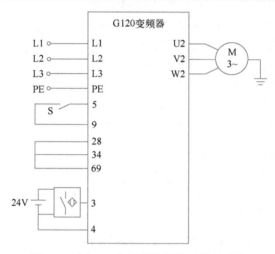

图 4-4　例 4-3 变频器控制端子线路连接

【例 4-4】 电动机的起停及运行速度均通过连接在 S7-1200 PLC 的按钮来控制，即按下电动机起动按钮后，每按下一次速度增大按钮，电动机的运行频率增加 2 Hz，每按下一次速度减小按钮，电动机的运行频率降低 2 Hz，最大运行频率为 50 Hz，最小运行频率为 10 Hz，按下停止按钮，电动机停止运行。

根据题意可知，本例可使用 S7-1200 PLC 的模拟量输出来控制电动机的运行频率，若 CPU 为 1215C 及以上型号可通过其本机集成的模拟量输出端口输出模拟量，若 CPU 为 1214C 以下型号可增加一块模拟量信号板或一个信号模块，在此，CPU 为 1215C。S7-1200 PLC 与 G120 变频器的电气连接如图 4-5 所示。

在此，CPU 1215C 的模拟量输出为电流输出，因此本例参数设置见表 4-7（将变频器的模拟量输入通道 AI0 的拨码开关拨至左侧"I"处，用户可根据实际使用电动机的铭牌数据设置电动机额定参数，在此省略）。

表 4-7　例 4-4 的参数设置

参数号	参数值	功　　能
p0015	12	端子起动模拟量给定设定值
p0756	3	单极性电流输入 4~20 mA
p0757	0	输入电流 0 mA 对应 0% 的标度，即频率为 0 Hz
p0758	0	
p0759	20	输入电流 20 mA 对应 100% 的标度，即频率为 50 Hz
p0760	100	

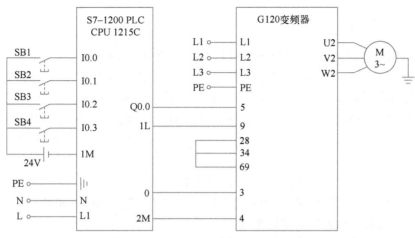

图 4-5　例 4-4 S7-1200 PLC 与 G120 变频器的电气连接

本例电动机的起停及运行频率均由 PLC 控制，其控制程序如图 4-6 所示。

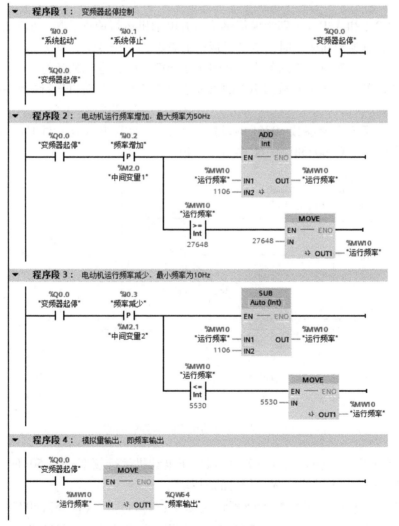

图 4-6　例 4-3 PLC 控制程序

4.1.5 死区的设置

当变频器的模拟量输入给定信号为单极性的信号输入，而且运行在图 4-3 所示频率给定线上，当给定信号 x 小于 x_0 时（或输入信号断线后给定信号为 0），变频器输出频率低于 0 Hz，此时电动机将反向旋转，如果生产机械不允许电动机反向旋转，则会造成灾难性事故，用户必须避免这种情况的发生。如果输入信号在 x_0 附近不断变化，则会引起电动机不断的正向和反向旋转，这种情况也是要杜绝的。在此，可通过设置死区的方法解决上述问题。

下面通过 3 个例子详细说明变频器中死区宽度的位置。

【例 4-5】 要求模拟量输入为 2~10 V 时对应于电动机运行频率 0~50 Hz，死区电压宽度值大于 0，请绘制电动机实际运行时的频率线。

根据题意要求，两点标定坐标参数可设定如下：$(x_1, y_1) = (p0757, p0758) = (2, 0)$ 和 $(x_2, y_2) = (p0759, p0760) = (10, 100)$。p0756 为 0 或 1，电动机实际运行时的频率线可绘制如图 4-7 所示。

图 4-7 中 ASP_{max} 和 ASP_{min} 分别为模拟量给定时电动机运行速度的最大值和最小值。当死区设置参数 p0761 的值等于 p0757 时，电动机运行的频率都大于 0 Hz，即为图 4-7 中左图上部实线部分；当死区设置参数 p0761 的值大于 0 但小于 p0757 时，电动机运行的频率为图 4-7 右侧上图的实线部分；当死区设置参数 p0761 的值大于 p0757 时，电动机运行的频率为图 4-7 中右侧下图的实线部分。

图 4-7 中死区宽度设置参数 p0761 的设置值大于 0，实际频率运行线是在 0<p0758<p0760 条件下成立；当然，在 0>p0758>p0760 条件下亦成立。

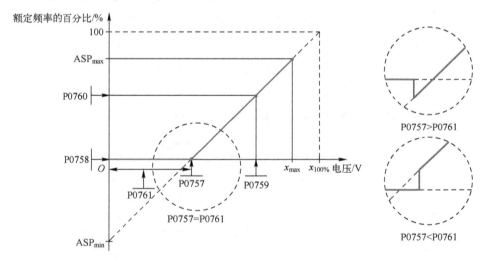

图 4-7 例 4-5 电动机实际运行的频率线

【例 4-6】 要求模拟量输入为 0~10 V 时对应于电动机运行频率 -50~50 Hz，设置死区电压宽度值为 0.2 V，请绘制电动机实际运行时的频率线。

根据题意要求，两点标定坐标参数可设定如下：$(x_1, y_1) = (p0757, p0758) = (2, -60)$ 和 $(x_2, y_2) = (p0759, p0760) = (8, 60)$。p0756 为 0、p0761 为 0.1 V，电动机实际运行时的频率线可绘制如图 4-8 所示。

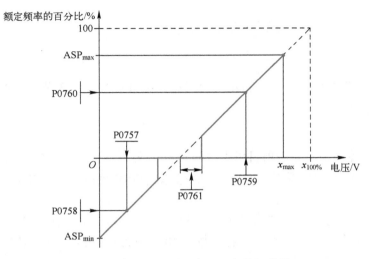

图 4-8　例 4-6 电动机实际运行的频率线

图 4-8 中死区宽度设置参数 p0761 的设置值为 0.1 V，中心（频率线过 0 点）两侧各为 0.1 V，即死区宽度为 0.2 V，实际频率运行线在 p0758<0<p0760 条件下成立。

【例 4-7】 要求模拟量输入为 −10~10 V 时对应于电动机运行频率 −50~50 Hz，设置死区电压宽度值为 0.2 V，请绘制电动机实际运行时的频率线。

根据题意要求，两点标定坐标参数可设定如下：$(x_1, y_1) = (p0757, p0758) = (-3, -30)$ 和 $(x_2, y_2) = (p0759, p0760) = (3, 30)$。p0756 为 4，p0761 为 0.1 V，电动机实际运行时的频率线如图 4-9 所示。

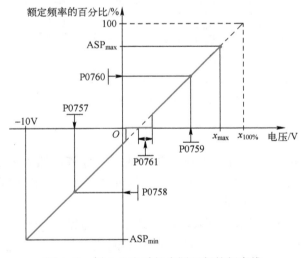

图 4-9　例 4-7 电动机实际运行的频率线

图 4-9 中死区宽度设置参数 p0761 的设置值为 0.1 V，中心（频率线过 0 点）两侧各为 0.1 V，即死区宽度为 0.2 V，实际频率运行线在 p0758<0<p0760 条件下成立。

综上所述：如果 p0758 和 p0760 ADC 标定的 y_1 和 y_2 坐标的值都是正的或都是负的，那么从 0 V 开始到 p0761 的值为死区，但是如果 p0758 和 p0760 的符号相反，那么死区在交点 x 轴与频率标定曲线的交点的两侧，p0761 的值为 0 表示无死区。

4.1.6 使用调试软件实现模拟值给定运行

1. 转至在线

使用"离线"或"在线"方法创建新项目后，读者可按 2.2.3 节介绍的方法将变频器的控制单元转至在线状态。

2. 修改参数

双击调试软件编辑窗口左侧项目树中"驱动_1"文件夹下的"参数"，在右侧打开的"参数"窗口右上角选择"参数视图"标签。先将参数 p0010 更改为 1，再将宏程序 p0015 改为 12，然后将参数 p0010 更改为 0。

在"参数视图"选项卡的"参数表"中单击"输入/输出"中的"模拟量输入"，打开"模拟量输入"相关参数列表。在此，将参数 p756 更改为 0（单极性电压输入 0~10 V），其他采用系统默认参数，如图 4-10 所示。

编号	参数文本	值	单位
<全部>	<全部>	<全部>	<全部>
p15	宏文件驱动设备	[12] 标准 I/O, 带有模拟设定值	
r752[0]	CU 模拟输入当前输入电压/电流, AI0 (KI 3/4)	3.777	
r755[0]	CU 模拟输入当前值 %, AI0 (KI 3/4)	37.83	%
p756[0]	CU 模拟输入类型, AI0 (KI 3/4)	[0] 单极电压输入 (0 V ... +10 V)	
p757[0]	CU 模拟输入特性曲线值 x1, AI0 (KI 3/4)	0.000	
p758[0]	CU 模拟输入特性曲线值 y1, AI0 (KI 3/4)	0.00	%
p759[0]	CU 模拟输入特性曲线值 x2, AI0 (KI 3/4)	10.000	
p760[0]	CU 模拟输入特性曲线值 y2, AI0 (KI 3/4)	100.00	%
p761[0]	CU 模拟输入断线监控动作阈值, AI0 (KI 3/4)	2.00	

图 4-10　模拟量输入参数及名称

3. 在线调试

单击选中"在线访问"窗口右上角的"功能视图"标签，然后单击"输入/输出"中的"模拟量输入"，打开"模拟量输入"功能视图，此时功能视图中相关模拟量输入端已与宏程序 12 相关的参数关联，如图 4-11 所示。

在功能视图中，两路模拟量输入都有两种调试方式，分别为模拟输入端 X 的端子信号处理与模拟输入端 X 的模拟。若选择"模拟输入端 X 的端子信号处理"方式，模拟量输入端输入的信号大小由外部输入确定，如通过电位器给定、通过 PLC 的模拟量输出端子给定等；若选择"模拟输入端 X 的模

码 4-2　使用 Startdrive 调试软件实现模拟值给定运行

拟"方式，则模拟量输入端输入的信号大小由功能视图中用户直接输入的信号大小给定，如图 4-11 中模拟量输入端 0，给定电压为 8V，此时，功能视图中变频器的 3、4 号端子与后面的标定已断开，在标定前的输入框中输入用户给定的在线调试信号的大小。当然，若使电动机旋转，还需端子使能信号驱动，如数字量输入端子 DI0（系统默认使能端），电动机起动后，

实际转速为 1145 r/min（电动机额定转速为 1430 r/min）与给定信号输出的转速一致。

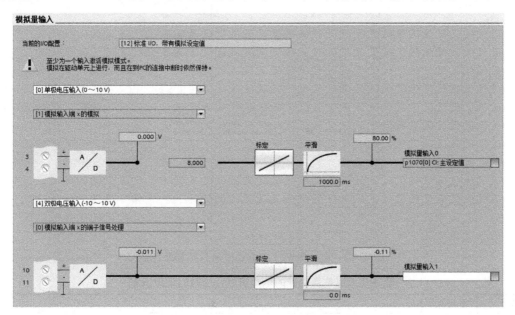

图 4-11　模拟量输入功能视图及名称

如果"平滑"输入框中数值为 0 ms，则为"直线性"标定，没有平滑度，平滑性数值用户根据需要设定。

4.2　案例 7　电位器调速的电动机运行控制

4.2.1　任务导入

在企业工作现场，电动机的运行速度经常需要连续可调，由设备操作者通过控制箱或控制台上所设置的电位器来进行调节，以满足不同材质或不同工艺对零件加工的需求。本案例对电动机的运行控制具体要求如下：

使用 G120 变频器通过外部电位器实现电动机运行速度的实时调节，要求电动机可正反向运行，而且最低运行速度为 200 r/min，最高运行速度为 1200 r/min。

4.2.2　任务实施

1. 原理图绘制

根据案例控制要求可知，G120 变频器的模拟量信号来自外部电位器，电位器两端的直流电压可取自外部直流 10 V 电源（可由直流 24 V 经分压获得），或取自 G120 变频器内部 10 V 电源，本案例使用 G120 变频器的内部 10 V 电源，如图 4-12 所示。本案例选用电压信号输入，故需将模拟量输入通道 0 的拨码开关拨向"U"位置。

2. 参数设置

本案例中设置 DI0 为变频器的起停信号，模拟量信号从 AI0 通道输入，参数具体设置见表 4-8，设电动机额定转速为 1450 r/min。

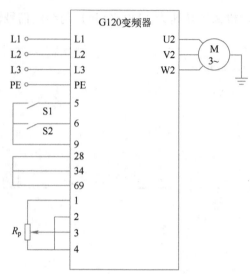

图 4-12 电位器调速的电动机运行控制原理图

表 4-8 电位器调速的电动机运行控制的参数设置

参数号	参数值	说　　明
p0015	12	预定义宏参数选择端子起动模拟量给定设定值
p1000	2	模拟量通道 AI0 给定（默认值）
P3330	r722.0	正向起停控制端，对应数字量输入端子 DI0（默认值）
P3331	r722.1	反向起停控制端，对应数字量输入端子 DI1
p0756	0	单极性电压输入 0~10 V
p0757	0	0 V 对应频率为 0 Hz，即转速为 0 r/min
p0758	0	
p0759	10	10 V 对应频率为 50 Hz，即转速为 1450 r/min
p0760	100	
p0761	1.38	1.38 V 对应最低转速为 200 r/min
p1082	1200	最高转速为 1200 r/min

注：相关参数必须分别在下标 [0] 中设置。

根据表 4-8 所设置的参数，可确定电动机的运行控制速度曲线，如图 4-13 所示。

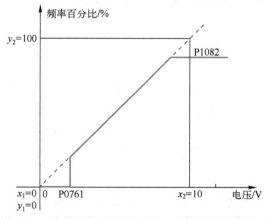

图 4-13 电位器调速的电动机运行控制速度曲线图

3. 硬件连接

请读者参照图 4-12 的电位器调速的电动机运行控制原理图进行线路连接，连接后再经检查或测量确认连接无误后方可进入下一实施环节。

4. 系统调试

码 4-3　电位器调速的电动机运行控制

硬件连接和参数设置好后，闭合开关 S1，将电位器调节到最小值，即输入电压为 0 V，观察电动机是否运行，若运行，速度值为多少？然后调节电位器，使输入电压分别为 2 V、4 V、6 V、8 V 和 10 V，分别观察电动机的运行速度是否与图 4-12 中曲线对应值一致。如断开开关 S1，电动机能否停止运行？断开开关 S1 后，闭合开关 S2，再次调节电位器，观察电动机的运行方向及速度是否与图 4-12 曲线对应值一致。如上述内容调试成功，则本案例任务完成。

4.2.3　任务拓展

控制要求同案例 7，要求使用模拟量给定信号为 $-10 \sim 10\,V$，对应电动机转速 $-1450 \sim 1450\,r/min$，仍要求电动机最低运行速度为 200 r/min，最高运行速度为 1200 r/min（通过设置死区电压宽度和转速最大限制值实现）。

4.2.4　技能认证

试题：变频器调速装置外围电路故障维修

考试时间：60 min　考核方式：实操＋笔试　试卷抽取方式：由考生随机抽取故障序号

本题分值：30 分

检修变频器调速装置外围电路故障。在其电气线路上，设有隐蔽故障 3 处，其中主电路 1处（如电源故障等），控制回路 2 处（如闭合开关信号等），考场中各工位故障清单提供给考评员。**具体要点：变频器调速装置外围电路故障维修电气连接图如图 4-14 所示。**

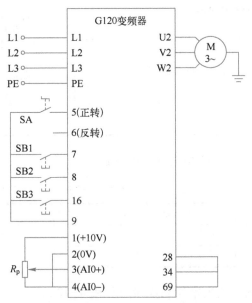

图 4-14　变频器调速装置外围电路故障维修电气连接图

4.3 模拟量输出

4.3.1 端子及连接

G120 变频器控制单元 CU240E-2 为用户提供 2 路模拟量输出。端子 12、13 是模拟量输出 AO0，端子 26、27 是模拟量输出 AO1，如图 4-1 所示。

4.3.2 相关参数

2 路模拟量输出的控制参数相同，其模拟量输出通道 AO0、AO1 相关参数分别在下标 [0]、[1] 中设置。G120 变频器提供多种模拟量输出模式，可以使用参数 p0776 进行选择，见表 4-9。

表 4-9　模拟量输出参数 p0776 功能

参数号	设定值	功　能	说　明
p0776	0	电流输出（出厂设置）0~20 mA	模拟量输出信号与所设置的物理量成线性关系
	1	电压输出 0~10 V	
	2	电流输出 4~20 mA	

参数 p0776 修改了模拟量输出的类型后，变频器会自动调整模拟量输出的标定。线性标定曲线由 2 个点（p0777, p0778）和（p0779, p0780）确定，也可以根据需要调整标定。

以模拟量输出通道 AO0 标定为例，p0776[0] = 2，具体设置见表 4-10。

表 4-10　模拟量输出 AO0 输出参数设置

参数号	设定值	说　明	曲　线　图
p0777[0]	0	0%对应输出电流 4 mA	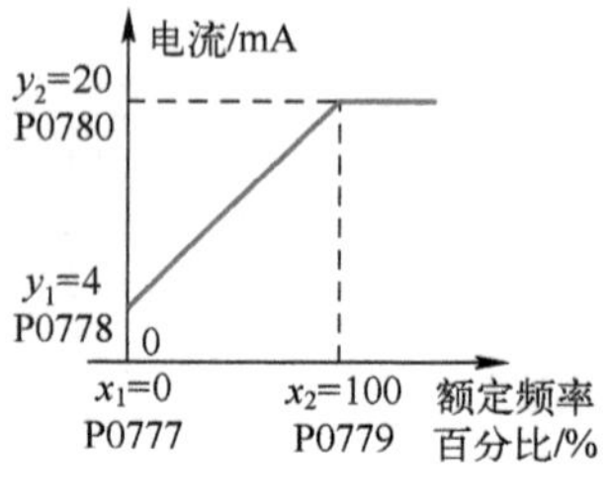
p0778[0]	4		
p0779[0]	100	100%对应输出电流 20 mA	
p0780[0]	20		
p0781[0]	0	死区宽度	

模拟量输出的功能在表 4-11 的相应参数中设置。

表 4-11　模拟量输出的功能

模拟量输出编号	端　子　号	对 应 参 数
模拟输出 0，AO0	12、13	p0771[0]
模拟输出 1，AO1	26、27	p0771[1]

以模拟量输出 AO0 为例，输出常用功能设置见表 4-12。

表 4-12　模拟量输出常用功能设置

参数号	参数值	说　明
P771[0]	21	电动机转速（同时设置 p0775 = 1，否则电动机反转时无模拟量输出）
	24	变频器实际输出频率
	25	变频器实际输出电压
	26	变频器直流回路电压
	27	变频器实际输出电流

 注意：

在任意宏程序下，模拟量均有输出。模拟量输出通道 AO0 默认是根据电动机运行转速的变化输出 0~10 V 范围内变化的电压信号；模拟量输出通道 AO1 默认是根据变频器实际输出电流的变化输出 0~10 V 范围内变化的电压信号，可以参见 3.1.2 节的宏程序。

【例 4-8】 已知模拟量输出线性标定曲线，即已知模拟量输出线性标定曲线的 2 个点 $(p0777, p0778)$ 和 $(p0779, p0780)$，求变频器在某一运行状态下的模拟量输出值。

模拟量输出的线性特性用 2 组坐标来描述，描述的依据是如下的两点方程式：

$$\frac{y-P0778}{x-P0777} = \frac{P0780-P0778}{P0779-P0777}$$

在计算时，可采用点—斜率的形式（用偏移和斜率来描述）：

$$y = mx + y_0$$

这两种描述形式之间转换关系为

$$m = \frac{P0780-P0778}{P0779-P0777} \qquad y_0 = \frac{P0778 \cdot P0779 - P0777 \cdot P0780}{P0779-P0777}$$

根据上面两种计算方法，已知模拟量输出线性标定曲线，还已知变频器某一运行参数 x，便可求出变频器的模拟量输出 y。

为了对输出进行标定，必须确定 y_{max} 和 x_{min} 的数值。以图 4-15 为例，它们的数值由下式计算：

$$x_{min} = \frac{P0780 \cdot P0777 - P0778 \cdot P0779}{P0780-P0778}$$

$$y_{max} = (x_{max} - x_{min}) \frac{P0780-P0778}{P0779-P0777}$$

【例 4-9】 要求模拟量输出通道 AO0 根据变频器实际输出的频率输出 0~10 V，若使用万用表测出模拟量输出通道 AO0 的 12 和 13 端子上的电压为 6.5 V，则变频器的实际输出频率是多少？

若设 p0776[0] = 1，p0771[0] = 24，$(p0777, p0778) = (0, 0)$，$(p0779, p0780) = (100, 10)$，则模拟量输出的线性标定曲线为

$$\frac{y-0}{x-0} = \frac{10-0}{100-0} \qquad y = \frac{1}{10}x$$

即此模拟量输出线性标定曲线为 $y = 0.1x$，当 $y = 6.5$ V 时，$x = 65$（即为最大设置值 100 的 65%），即此时变频器的实际输出频率为额定频率的 65%，即输出频率为 50×65% Hz = 32.5 Hz。

若设 p0776[0] = 1，p0771[0] = 24，(p0777, p0778) = (10, 0)，(p0779, p0780) = (100, 10)，则模拟量输出的线性标定曲线为：$y = (x - 10)/9$，如图 4-16 所示。

当 $y = 65$ 时，$x = 68.5$（即为最大设置值 100 的 68.5%），即此时变频器的实际输出频率为 34.25 Hz。

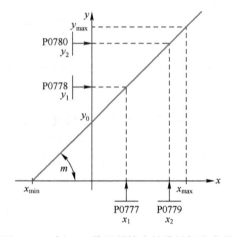

图 4-15 例 4-8 模拟量输出的线性标定曲线

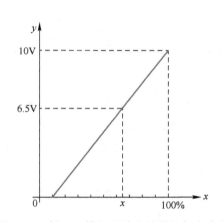

图 4-16 例 4-9 模拟量输出的线性标定曲线

模拟量输出的死区宽度设置参数为 p0781，其模拟量输出通道 AO0、AO1 相关参数分别在下标[0]、[1]中设置。

死区设定后，模拟量输出的最小值将大于该设定值，如图 4-17 所示。

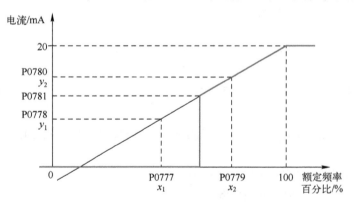

图 4-17 模拟量输出死区宽度的设置

码 4-4 G120
模拟量输出功能
设置

4.3.3 使用调试软件修改模拟量输出参数

1. 转至在线

使用"离线"或"在线"方法创建新项目后，可按 2.2.3 节介绍的方法将变频器的控制单元转至在线状态。

2. 修改参数

双击调试软件编辑窗口左侧项目树中"驱动_1"文件夹下的"参数"，在右侧打开的"参数"窗口右上角选择"参数视图"标签。

在"参数视图"选项卡的"参数表"中单击"输入/输出端"中的"模拟量输出端",打开"模拟量输出端"相关参数列表,如图 4-18 所示。

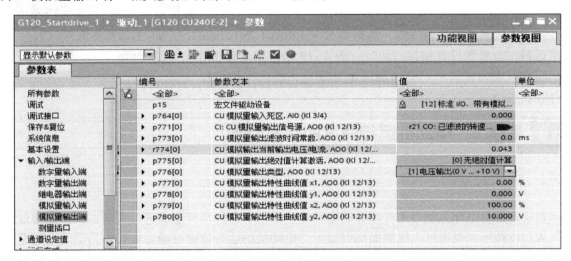

图 4-18　模拟量输出参数及名称

3. 在线调试

单击选中"在线访问"窗口右上角的"功能视图"标签,然后单击"输入/输出"中的"模拟量输出",打开"模拟量输出"功能视图,此时功能视图中相关模拟量输出端参数已关联,如图 4-19 所示。

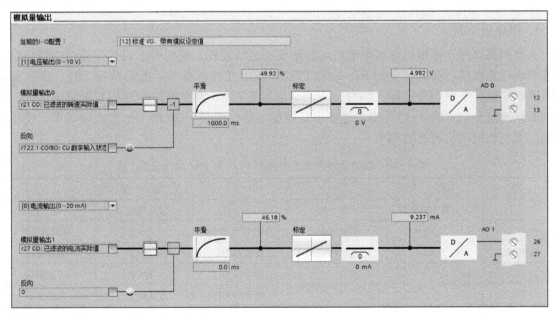

图 4-19　模拟量输出功能视图及名称

在"功能视图"中,不仅可以修改参数 p0771,还可以为电动机反向运行设置参数,如图 4-19 中,将模拟量输出通道 AQ0 反向设置为 r722.1,即数字量输入端 DI1 作为电动机运行的反向控制指令端。

当电动机以正向 750 r/min（电动机额定转速为 1500 r/min）转速运行时，模拟量输出 0 输出电压实际值为 10 V 的 49.92%，即 4.992 V，与实际输出值相符。

当接通数字量输入端 DI1，此时电动机以反向 750 r/min 转速运行，与参数设置相符。此时，图 4-19 中模拟量输出 0 的"反向"参数设置框后面的圆心呈亮绿色，表示该信号处于有效状态。

码 4-5 使用 Startdrive 调试软件修改模拟量输出参数

4.4 案例 8 电动机运行速度的实时监测

4.4.1 任务导入

在很多设备中作为动力主要来源的电动机，都需要对其运行速度进行实时监测，或通过指针仪表加以指示，或通过人机界面加以显示。电动机的运行速度可通过安装在传动轴上的编码器进行检测。若电动机的运行速度是通过变频器进行调速控制的，则可通过变频器的模拟量输出值间接测量出电动机运行的实时速度。

本案例要求通过 G120 变频器运行时模拟量输出实现对电动机运行速度的实时监测，当电动机转速小于 500 r/min 时，低速指示灯 HL1 亮；转速在 500~1200 r/min 之间时，中速指示灯 HL2 亮；转速大于 1200 r/min 时，高速指示灯 HL3 亮。在此，电动机额定转速为 1430 r/min。

4.4.2 任务实施

1. 原理图绘制

本案例要求用 3 盏指示灯对电动机运行速度值进行监控，同时要求通过变频器的模拟量输出监测运行速度值，在此，使用 S7-1200 PLC 实现上述控制要求。起动按钮 SB1、停止按钮 SB2 等常开触点作为 PLC 的输入信号，中间继电器 KA 和 3 盏指示灯作为 PLC 的输出信号，本案例 I/O 地址分配见表 4-13。按上述要求其控制电路，如图 4-20 所示。在此项目中，使用外部电位器实现电动机转速的调节。

表 4-13 电动机转速的实时监测 PLC 的 I/O 地址分配

输入			输出		
元 件	输入继电器	作 用	元 件	输出继电器	作 用
按钮 SB1	I0.0	电动机起动	中间继电器 KA	Q0.0	变频器起停
按钮 SB2	I0.1	电动机停止	指示灯 HL1	Q0.1	低速指示
			指示灯 HL2	Q0.2	中速指示
			指示灯 HL3	Q0.3	高速指示

2. 参数设置

本案例中使用模拟量输入作为电动机转速的调节，使用模拟量输出作为电动机转速的监测，具体参数设置见表 4-14，预定义宏参数 p0015 无论设置为何值，均有模拟量信号输出。

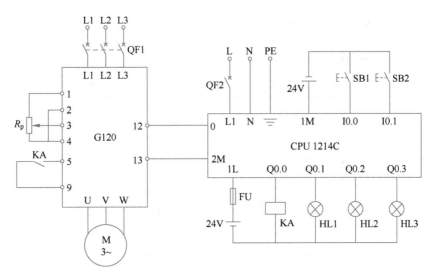

图 4-20　电动机转速的实时监测控制电路原理图

表 4-14　电动机转速实时监测的参数设置

参数号	参数值	说　　明
p0015	13	预定义宏参数选择端子起动模拟量给定设定值
p0756	0	单极性电压输入 0~10 V
p0757	0	0 V 对应的频率为 0 Hz，即转速为 0 r/min
p0758	0	
p0759	10	10 V 对应的频率为 50 Hz，即转速为 1430 r/min
p0760	100	
p0771	21	根据电动机转速输出模拟信号
p0776	1	电压输出为 0~10 V
p0777	0	0% 对应输出电压为 0 V
p0778	0	
p0779	100	100% 对应输出电压为 10 V
p0780	10	

3. 硬件组态

新建一个电动机运行速度实时监测的项目，打开编程软件，添加设备为 S7-1200 PLC 的 CPU 1214C 模块（CPU 1214C 集成为 2 路模拟量电压输入，采用系统默认组态即可）。

4. 软件编程

电动机转速实时监测控制程序如图 4-21 所示。

5. 硬件连接

请参照图 4-20 的电动机转速实时监测控制电路原理图进行线路连接，连接后再经检查或测量确认连接无误后方可进入下一实施环节。

6. 程序下载

选择设备 PLC_1，将电动机转速实时监测项目下载到 PLC 中。

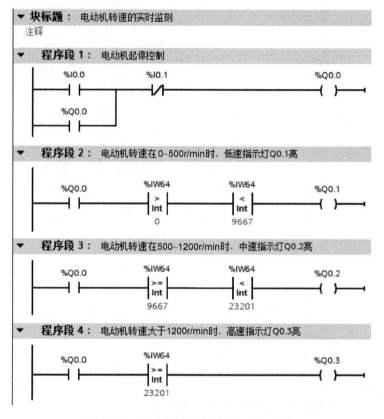

图 4-21 电动机转速实时监测控制程序

7. 系统调试

硬件连接、参数设置和项目下载好后，打开 OB1 组织块，启动程序状态监控功能。按下起动按钮 SB1，手动调节外部电位器调节电动机的转速，观察 3 盏指示灯亮灭情况是否与项目要求一致。如上述调试现象符合案例控制要求，则本案例任务完成。

4.4.3 任务拓展

使用 S7-1200 PLC 和 G120 变频器实现电动机的工变频运行，即电动机根据工作模式可工作在"变频"或"工频"状态，在变频运行时，转速超过电动机额定转速的 90% 时，切换到"工频"状态。

4.5 习题与思考

1. G120 变频器分别提供几路模拟量输入和模拟量输出？
2. 模拟量输入设置时应注意哪几个方面？
3. 模拟量输入涉及哪几个参数？
4. 模拟量输入有几种模式？
5. 如何确定模拟量输入曲线？
6. 模拟量输入模式中"带监控"的含义是什么？
7. 模拟量输入有哪几个预定义宏参数？

8. 模拟量输入时，如何连接其硬件电路？

9. 模拟量输入设置死区的作用是什么？

10. 模拟量输出涉及哪几个参数？

11. 模拟量输出信号类型有几种？

12. 如何确定模拟量输出曲线？

13. 模拟量输出是根据哪个参数来实现的？

14. 如何实现模拟量电压信号的输出？

15. 模拟量输出设置死区的作用是什么？

第 5 章　G120 变频器的网络通信应用

本章主要介绍西门子 G120 变频器与控制器 PLC 之间的常用通信方式及其编程，它们之间的主要通信方式有以太网通信、PROFIBUS 通信、USS 通信和 Modbus 通信。希望通过本章的学习，读者能尽快掌握 G120 变频器与 PLC 控制器之间的通信连接、通信组态及控制程序等相关知识及操作技能。

5.1　PROFINET 网络通信

5.1.1　PROFINET 通信简介

1. PROFIdrive 行规

PROFIdrive 是基于 PROFIBUS 和 PROFINET 通信的应用于驱动与自动化控制的一种协议框架，也称作"行规"。PROFIdrive 使用户更快捷、方便地实现对驱动产品的控制，以及实现不同厂商产品的方便替换。PROFIdrive 主要由以下 3 个部分组成。

1）控制器（Controller），包括一类 PROFIBUS 主站与 PROFINET I/O 控制器。

2）监控器（Supervisor），包括二类 PROFIBUS 主站与 PROFINET I/O 管理器。

3）执行器（Drive Unit），包括 PROFIBUS 从站与 PROFINET I/O 装置。

PROFIdrive 定义了基于 PROFIBUS 与 PROFINET 的驱动功能，如下所示：

1）周期数据交换。

2）非周期数据交换。

3）报警机制。

4）时钟同步操作。

2. 周期性通信

周期性通信使用确定长度的 I/O 数据（控制器组态时确定 I/O 数据长度）在保留的总线周期内进行传输。通过周期性通信，有严格时间要求的 I/O 数据在控制器和设备之间或者设备间交换，这些典型数据包含设定值和实际值、控制信息和状态信息等。

周期性通信提供 3 种功能：

1）过程通信——PZD 通道：使用该通道可以控制变频器的起停、调速、读取实际值、读取状态信息等功能。PZD 通道的数据长度由上位控制器组态的报文类型决定。

2）参数访问——PKW 通道：使用该通道主站可以读写 SINAMICS G120 变频器参数，每次只能读或写一个参数。PKW 通道的长度固定为 4 个字。

3）从站之间直接数据交换：也称为 Slave-to-Slave 通信或直接数据交换 Direct date

exchange（DX 通信）。可以在主站不直接参与的情况下，在变频器之间进行快速的数据交换，如将一台变频器的实际值指定为其他变频器的设定值。注意：只有 PROFIBUS 通信具有该功能。

周期通信必须在主站中组态通信报文才能使用，根据控制单元型号，有多种类型的报文用于 PROFIBUS DP 或 PROFINET I/O 通信。

5.1.2　SINAMICS 通信报文

1. SINAMICS 通信标准报文

SINAMICS G120 系列变频器定义了多种报文类型供客户使用，其中标准报文见表 5-1。

表 5-1　标准报文

报文名称	描　述	应 用 范 围
标准报文 1	16 位转速设定值	基本速度控制
标准报文 2	32 位转速设定值	基本速度控制
标准报文 3	32 位转速设定值，1 个位置编码器	支持等时模式的速度或位置控制
标准报文 4	32 位转速设定值，2 个位置编码器	支持等时模式的速度或位置控制，双编码器
标准报文 5	32 位转速设定值，1 个位置编码器和 DSC	支持等时模式的位置控制
标准报文 6	32 位转速设定值，2 个位置编码器和 DSC	支持等时模式的速度或位置控制，双编码器
标准报文 7	基本定位器功能	仅有程序块选择（EPOS）
标准报文 9	直接给定的基本定位器功能	简化功能的 EPOS 报文（减少使用）
标准报文 20	16 位转速设定值，状态信息和附加信息符号 VIK-NAMUR 标准定义	VIK-NAMUR 标准定义
标准报文 81	1 个编码器通道	编码器报文
标准报文 82	1 个编码器通道+16 位转速设定值	扩展编码器报文
标准报文 83	1 个编码器通道+32 位转速设定值	扩展编码器报文

表 5-1 中常用的报文是标准报文 1、标准报文 2、标准报文 3、标准报文 5、标准报文 81 和标准报文 83。

2. SINAMICS 通信标准结构

常用的标准报文结构见表 5-2。

表 5-2　常用的标准报文结构

报文类型 p0922		PZD1	PZD2	PZD3	PZD4	PZD5	PZD6	PZD7	PZD8	PZD9
1 PZD-2/2	16 位转速设定值	STW1	NSOLL			→把报文发送到总线上				
		ZSW1	NIST			←接收来自总线上的报文				
2 PZD-3/3	32 位转速设定值	STW1	NSOLL		STW2					
		ZSW1	NIST		ZSW2					

（续）

报文类型 p0922		PZD1	PZD2	PZD3	PZD4	PZD5	PZD6	PZD7	PZD8	PZD9
3 PZD-4/6	32 位转速设定值，1 个位置编码器	STW1	NSOLL		STW2	G1_STW				
		ZSW1	NIST		ZSW2	G1_ZSW	G1_XIST1		G1_XIST2	
5 PZD-6/6	32 位转速设定值，1 个位置编码器和 DSC	STW1	NSOLL		STW2	G1_STW	XERR		KPC	
		ZSW1	NIST		ZSW2	G1_ZSW	G1_XIST1		G1_XIST2	

注：表格中的关键字的含义如下。

STW1：控制字 1；STW2：控制字 2；G1_STW：编码器控制器；NSOLL：速度设定值；ZSW1：状态字 1；G1_ZSW：编码器状态字；ZSW2：状态字 2；XERR：位置差；G1_XIST1：编码器实际值 1；NIST：实际速度；KPC：位置闭环增益；G1_XIST2：编码器实际值 2。

标准报文适用于 SINAMICS、MICROMASTER 和 SIMODRIVE 611 系列变频器的速度控制。标准报文只有 2 个字，写报文时，第一个字是控制字（STW1），第二个字是主设定值；该报文中，第一个字是状态字（ZSW1），第二个字是主监控值。

（1）控制字

当参数 p2038 等于 0 时，STW1 的内容符合 SINAMICS 和 MICROMASTER 系列变频器的标准，当参数 p2038 等于 1 时，STW1 的内容符合 SIMODRIVE 611 系列变频器的标准。

当参数 p2038 等于 0 时，标准报文的控制字（STW1）的各位含义见表 5-3。

表 5-3 标准报文的控制字（STW1）的各位含义

控制字位	含义	关联参数	说明
STW1.0	上升沿：ON（使能） 0：OFF1（停机）	p0840[0]=r2090.0	设置指令 "ON/OFF（OFF1）"的信号
STW1.1	0：OFF2 1：NO OFF2	p0844[0]=r2090.1	缓慢停机/无缓慢停机
STW1.2	0：OFF3（快速停机） 1：NO OFF3（无快速停机）	p0848[0]=r2090.2	快速停机/无快速停机
STW1.3	0：禁止运行 1：使能运行	p0852[0]=r2090.3	使能运行/禁止运行
STW1.4	0：禁止斜坡函数发生器 1：使能斜坡函数发生器	p1140[0]=r2090.4	使能斜坡函数发生器/禁止斜坡函数发生器
STW1.5	0：禁止继续斜坡函数发生器 1：使能继续斜坡函数发生器	p1141[0]=r2090.5	继续斜坡函数发生器/冻结斜坡函数发生器
STW1.6	0：禁止设定值 1：使能设定值	p1142[0]=r2090.6	使能设定值/禁止设定值
STW1.7	上升沿确认故障	p2103[0]=r2090.7	应答故障
STW1.8	保留	—	—
STW1.9	保留	—	—
STW1.10	1：通过 PLC 控制	p0854[0]=r2090.10	通过 PLC 控制/不通过 PLC 控制

（续）

控制字位	含　义	关联参数	说　明
STW1.11	1：设定值取反	p1113[0]=r2090.11	设置设定值取反的信号源
STW1.12	保留	—	—
STW1.13	1：设定使能零脉冲	p1035[0]=r2090.13	设置使能零脉冲的信号源
STW1.14	1：设定持续降低电动电位器设定值	p1036[0]=r2090.14	设置持续降低电动电位器设定值的信号源
STW1.15	CDS 位 0	p0810[0]=r2090.15	命令参数组的第 0 位

表 5-3 对于用户非常重要，直接关系到变频器能否正常起停与运行，控制字的第 0 位 STW1.0 与起停参数 p0840 相关联，且为上升沿有效，请读者注意。当控制字 STW1 由 16# 047E 变为 16#047F（上升沿信号）时，向变频器发出正转起动信号；当控制字 STW1 由 16# 047E 变为 16#0C7F（上升沿信号）时，向变频器发出反转起动信号；当控制字 STW1 变为 16# 047E 时，向变频器发出停止信号。

（2）主设定值

主设定值是一个字，用十六进制格式表示，最大数值为 16#4000，对应电动机的额定运行频率或额定转速。

【例 5-1】 设电动机的额定转速为 1500 r/min，当变频器通过通信方式控制其电动机转速时，若需要电动机运行的转速为 900 r/min，则主设定值应设置为多少？

变频器通过通信方式控制其电动机转速时，其最大主设定值 16#4000 对应于电动机的额定转速 1500 r/min，现需要转速为 900 r/min，则主设定值应为最大主设定值的 0.6，则主设定值应设为 16384×0.6=9830（16#4000 对应于十进制的 16384），即为 16#2666（十进制的 9830 对应于十六进制的 16#2666）。

（3）状态字

变频器发送给控制器的状态字信息能有效判别变频器和电动机的实时工作状态，包括故障信息等，有助于用户实际了解变频器和电动机的当前工作状况。状态字（STW1）各位的含义见表 5-4。

表 5-4　状态字（STW1）的各位含义

状态字位	含　义	关联参数
ZSW1.0	接通就绪	r899.0
ZSW1.1	运行就绪	r899.1
ZSW1.2	运行使能	r899.2
ZSW1.3	故障	r2139.3
ZSW1.4	OFF2 激活	r899.4
ZSW1.5	OFF3 激活	r899.5
ZSW1.6	禁止合闸	r899.6
ZSW1.7	报警	r2139.7
ZSW1.8	转速差在公差范围内	r2197.7

（续）

状 态 字 位	含 义	关 联 参 数
ZSW1.9	控制请求	r899.9
ZSW1.10	达到或超出比较速度	r2199.1
ZSW1.11	I、P、M 比较	r1407.7
ZSW1.12	打开抱闸装置	r899.12
ZSW1.13	电动机过热报警	r2135.14
ZSW1.14	正反转	r2197.3
ZSW1.15	CDS	r836.0

5.1.3 HMI 与 G120 的直接通信

1. S7 通信

SINAMICS G120 变频器支持基于 PROFIBUS 和 PROFINET 的 S7 通信, 不但可通过 START-ER 或 Startdrive 软件访问 G120 变频器参数, 还可以在没有控制器（PLC）的情况下通过 SIMATIC 面板（HMI）直接访问 G120 变频器参数。使用 SIMATIC 面板读取或修改 G120 变频器参数时必须为 SIMATIC 面板创建一个具有下列结构的变量: DBX. DBY. Z。

X: 数据块号 = G120 变频器参数号。

Y: 数据类型, 由 G120 变频器参数的数据类型决定, 参数为 8 位使用 DBB, 参数为 16 位使用 DBW, 参数为 32 位使用 DBD。

Z: 数据块偏移 = G120 变频器下标。

如: 通过触摸屏访问 p2900.0 参数和 p2900.1 参数, 需要在触摸屏中创建 2 个变量: DB2900. DBW0 和 DB2900. DBW1, 见表 5-5。

表 5-5 触摸屏变量结构

变频器参数	触摸屏变量			
	数据块号	数据类型	偏 移	定义的变量
p2900.0	DB2900	DBW	0	DB2900. DBW0
p2900.1	DB2900	DBW	1	DB2900. DBW1

2. SIMATIC 触摸屏与 CU240E-2PN 直接通信

SIMATIC HMI 与 CU240E-2PN 之间可以直接通信, 就是说 HMI 和 G120 之间不需要借助 PLC 或其他控制, 本节主要通过例 5-2 详细介绍 SIMATIC 面板与 G120 变频器之间通信的组态过程。

【例 5-2】 用 1 台西门子精简面板 HMI 控制变频器的起停、控制变频器的给定转速, 并能显示变频器运行的工作状态信息, 显示变频器的实际值, 如输出转速、输出电压和输出电流等信号数值。

（1）软硬件配置

1）1 套 TIA Portal V16 和 Startdrive V16 软件。

2）1 台 HMI 型号为 KTP400Basic。

3）1 台 G120 变频器控制单元为 CU 240E-2PN-F。

4）1 根屏蔽双绞线（网线）。

5）1 台电动机。

6）1 台装有上述 2 软件的计算机。

（2）硬件连接

HMI 与 G120 之间通信两端带有水晶头的网线直接相连，如图 5-1 所示。如果组态或调试时需要将 HMI 和 G120 与计算机也通过网线相连接，此时可增加一个 4 口的交换机，如 CSM1277。

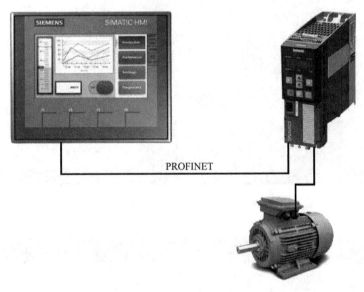

图 5-1　HMI 与 G120 连接示意图

（3）硬件组态

1）触摸屏组态。

① 创建项目。打开 TIA Portal V16 软件，在打开的启动窗口中单击"创建新项目"选项，在打开的"创建新项目"窗口，输入项目名称，如 HMI_G120（见图 5-2），其他下拉列表框可不修改，然后单击"创建新项目"窗口右下角的"创建"按钮，打开"新手上路"对话框。

② 添加新设备。在新手上路对话框中单击"组态设备"，依次单击"显示所有设备"→"添加新设备"选项，在打开的"添加新设备"窗口中选择"HMI"选项，"设备名称"可不用输入，采用系统默认名称 HMI_1 便可，然后逐级打开"HMI"→"SIMATIC 精简系列面板"→"4″显示屏"→"KTP400 Basic"文件夹，选择订货号为 6AV2 123-2DB03-0AX0 的触摸屏（读者应根据实际使用的 HMI 订货号及版本号进行添加），如图 5-3 所示。取消勾选"启动设备向导"单选按钮，单击"添加"按钮，便可打开新建项目的项目视图。

③ 建立连接。在项目视图的项目树中单击设备名称"HMI_1"选项，展开其所有文件夹，双击"连接"选项，打开设备"连接"窗口，单击"名称"列的"<添加>"选项，自动生成名为"Connection_1"的连接，在"通信驱动程序"列选择"SIMATIC S7 300/400"选项，如图 5-4 所示。

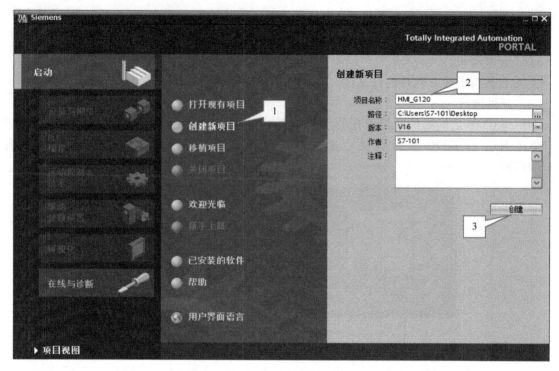

图 5-2 "创建新项目"窗口

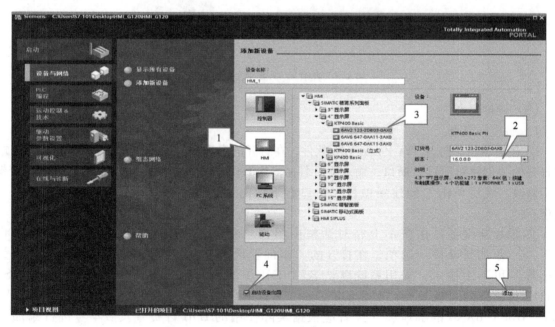

图 5-3 "添加新设备"窗口

④ 修改 IP 地址。在图 5-4 中可以修改 HMI 设备的 IP 地址（与实际使用的 HMI 设备 IP 一致），在此使用默认地址 192.168.0.2。如果实际使用的 IP 地址不是 192.168.0.2，可以在 HMI 上电起动时进入修改窗口进行 IP 地址的查看和修改。

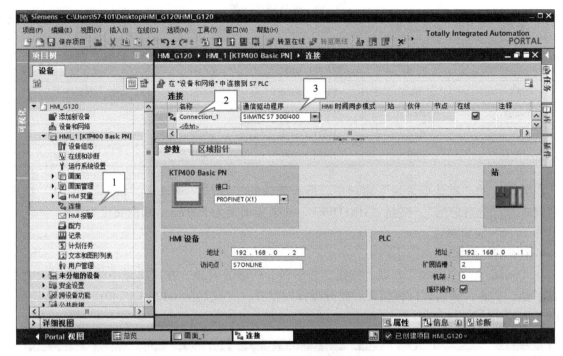

图 5-4　通信连接设置

⑤ 建立变量。在项目视图的项目树中单击设备名称"HMI_1 [KTP400 Basic PN]"，展开其所在文件夹，在"HMI 变量"文件夹中双击"默认变量表 [6]"，如图 5-5 所示，在打开的默认变量表窗口创建表 5-6 中的变量。

图 5-5　建立变量表

表 5-6　触摸屏中变量

变 量 名	数据类型	地 址	对应变频器参数	说 明
ON/OFF1	Real	DB2900.DBD0	p2900	起动/停止
Setpoint	Real	DB1001.DBD0	p1001	速度设定值
ZSW1	Int	DB52.DBW0	r0052	状态字 1
Output_V	Real	DB25.DBD0	r0025	输出电压
Actual Current	Real	DB27.DBD0	r0027	输出电流
Actual Speed	Real	DB21.DBD0	r0021	输出转速

在图 5-5 的"默认变量表"窗口中，所有变量的"连接"均选择"Connection_1"选项，访问模式为"绝对访问"，变量"ON/OFF1"的采集周期为 500 ms，其他变量为 1 s。

⑥ 添加和编辑画面。

● 生成监控画面。

在"画面_1"中添加文本域、按钮、圆形和 I/O 域等对象，在文本域中输入相应的文本、设置字号、字体、颜色等，将相关对象分类排列整齐，完成后的 G120 CU240E-2PN 监控画面如图 5-6 所示。

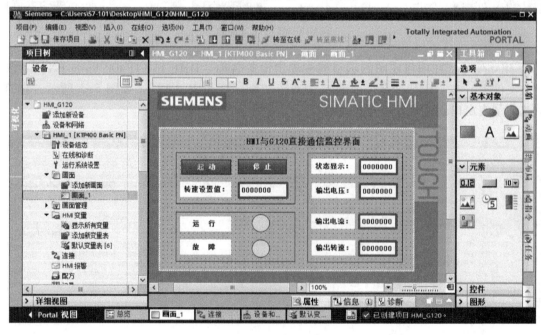

图 5-6　监控画面

● 组态起动信号。

单击"起动"按钮，在"按钮_1"窗口中将 ON/OFF1 变量（p2900）值先设置为 0，再设置为 100，目的是为了保证变频器能够采集到起动信号的上升沿，如图 5-7 所示。

● 组态停止信号。

单击"停止"按钮，在"按钮_2"窗口中将 ON/OFF1 变量（p2900）值先设置为 0，如图 5-8 所示。

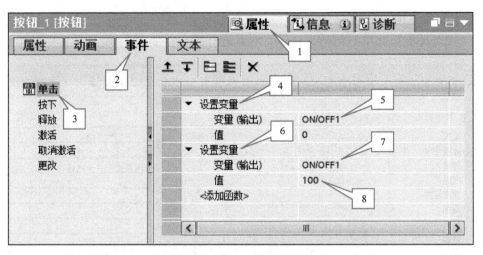

图 5-7　组态起动信号

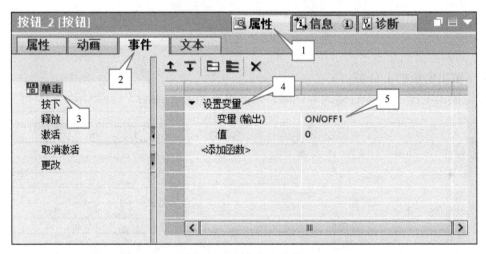

图 5-8　组态停止信号

● 组态转速设定值的 I/O 域。

单击"转速设置值"文本右侧的 I/O 域，对其进行组态，如图 5-9 所示。

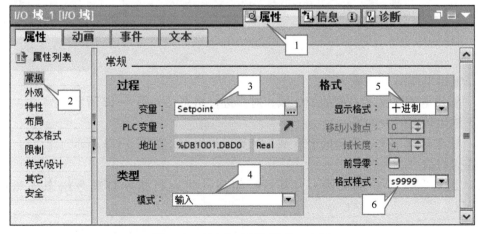

图 5-9　组态转速设置值的 I/O 域

● 组态状态字 1 的 I/O 域。

单击 "状态显示" 文本右侧的 I/O 域, 对其进行组态, 如图 5-10 所示。

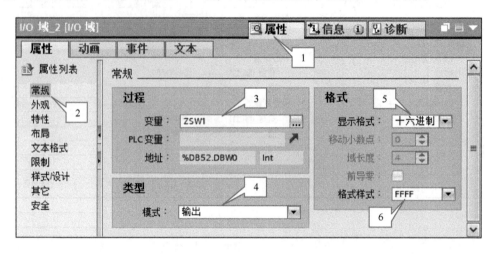

图 5-10　组态状态字 1 的 I/O 域

● 组态输出电压的 I/O 域。

单击 "输出电压" 文本右侧的 I/O 域, 对其进行组态, 如图 5-11 所示。

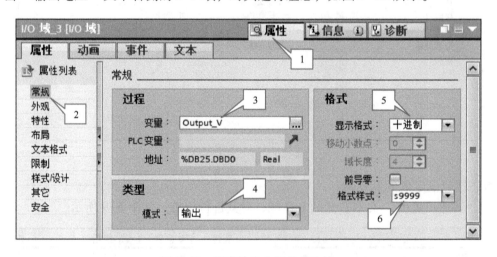

图 5-11　组态输出电压的 I/O 域

● 组态输出电流的 I/O 域。

单击 "输出电流" 文本右侧的 I/O 域, 对其进行组态, 如图 5-12 所示。

● 组态输出转速的 I/O 域。

单击 "输出转速" 文本右侧的 I/O 域, 对其进行组态, 如图 5-13 所示。

● 组态运行信号。

单击 "运行" 文本右侧的圆, 对其进行组态 (将运行指示灯颜色组态为绿色), 如图 5-14 所示。

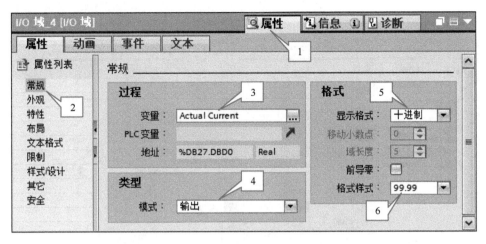

图 5-12　组态输出电流的 I/O 域

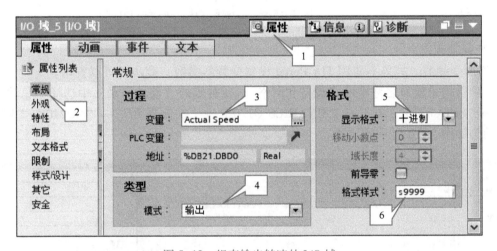

图 5-13　组态输出转速的 I/O 域

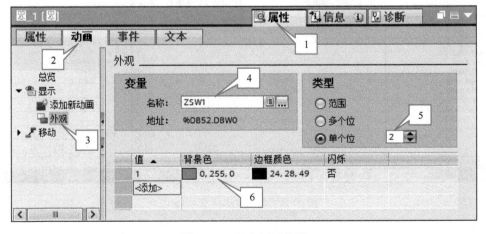

图 5-14　组态运行信号

● 组态故障信号。

单击"故障"文本右侧的圆，对其进行组态（将故障指示灯颜色组态为红色），如

图 5-15 所示。

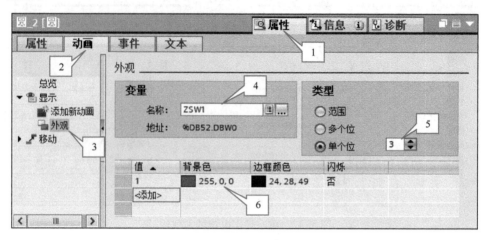

图 5-15　组态故障信号

2）变频器组态。

① 添加变频器。如果不使用 TIA Portal 设置变频器参数，此步骤可以省略。

双击项目树中项目名称中的"设备和网络"，在右侧的"硬件目录"中选择"驱动器和起动器"→"SINAMICS 驱动"→"SINAMICS G120"→"控制单元"→"CU240E-2 PN-F"，将其拖动到如图 5-16 所示的位置。

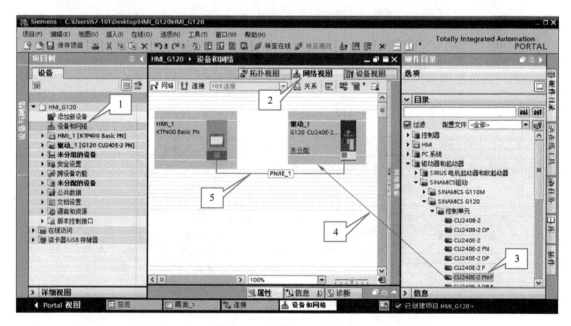

图 5-16　配置 G120 变频器

② 建立连接。如果不使用 TIA Portal 设置变频器参数，此步骤可以省略。

用鼠标左键选中 HMI 下方的绿色方框（以太网接口），按住不放，拖至 G120 变频器下方的绿色方框处释放，此时自动产生一条 PN/IE_1 的绿色连接线，即建立了 HMI 与 G120 变频器之间的网络连接（见图 5-16）。

③ 修改 IP 地址。如果不使用 TIA Portal 设置变频器参数，此步骤可以省略。

选中"网络视图"选项卡中的 G120 变频器，在打开的巡视窗口中，选择"属性"→"常规"→"PROFINET 接口"→"以太网地址"，如图 5-17 所示，设置变频器的 IP 地址为192.168.0.1（与实际使用的变频器 IP 一致），设置子网掩码为 255.255.255.0。

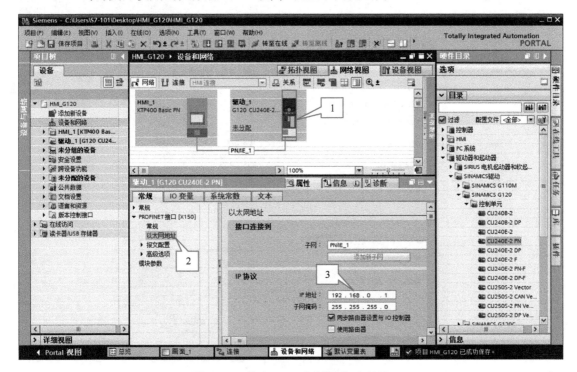

图 5-17　修改 G120 变频器的 IP 地址

修改变频器的 IP 地址也可以通过以下方法：在项目的"在线和诊断"窗口中输入为变频器分配的 IP 地址和子网掩码，单击"分配 IP 地址"按钮完成变频器 IP 地址的分配。

④ 变频器参数设置。新购置的变频器的 IP 地址为 0.0.0.0，本例应将其修改为192.168.0.1，如果在"在线并诊断"窗口中已分配，则无须再修改其 IP 地址。

- ON/OFF1 相关参数的设置，即 p0840 = 2094.0，p2099[0] = 2900。这样设置的原因是当p2900 = 100（ON）或者 0（OFF）时，可以产生一个上升沿的脉冲。

- 设置转速参数。p1070 = 1001，其含义是把固定值 1 作为主设定值。

状态字 1 和实际输出信号（电压、电流、转速等）都是用来显示的，无须进行相关参数的设置。

- 限速参数。电动机运行的最小速度（p1080）和最大速度（p1082）有必要根据需要设置。如果没有设置此参数，若操作者在触摸屏上误设置转速设置值，可能会引起安全事故。

(4) 计算机 IP 地址的设置

触摸屏的组态及变频器参数的设置都需要从计算机中下载到触摸屏和变频器中，这时可通过以太网连接进行下载，下载前必须将计算机的 IP 地址与触摸屏和变频器的 IP 地址设置在同一网段中。

计算机 IP 地址设置步骤："控制面板"→"网络和 Internet"→"查看网络与任务"→

"以太网"→"属性"→"Internet 协议版本 4（TCP/IPv4）"→"属性"。在"Internet 协议版本 4（TCP/IPv4）属性"对话框（见图 5-18）中，选中"使用下面的 IP 地址（S）："单选按钮，然后在 IP 地址（I）文本框中输入 192.168.0.10，单击"子网掩码（U）"文本框，子网掩码 255.255.255.0 自动输入。

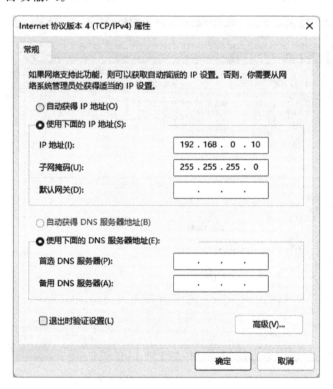

图 5-18　设置计算机的 IP 地址

设置完计算机的 IP 地址后，单击"Internet 协议版本 4（TCP/IPv4）"属性对话框下面的"确定"按钮，然后再多次单击"关闭"按钮，关闭所有窗口。

（5）下载

将触摸屏的组态及 G120 变频器的组态及参数设置进行项目编译后保存，然后将触摸屏中的监控画面下载到触摸屏中，将变频器参数下载到变频器中，接下来便可以进行项目的调试。

（6）项目调试

在触摸屏中输入一个速度值，如 1000 r/min，按下触摸屏上的"起动"按钮，观察电动机能否起动，触摸屏上的运行指示灯是否被点亮。再观察触摸屏中的状态字 1、输出电压、输出电流、输出转速等 I/O 域中数据，若运行正常，再按下触摸屏上的"停止"按钮，观察电动机是否能停止运行。

 注意：

　　HMI 设备与 G120 变频器直接通信，当网络中断（如网线断掉）时 G120 变频器不会报故障后停止运行，而是按照最后设置的命令一直运行下去。为了避免由于网络中断无法停机而引发安全事故，请务必增加必要的紧急停止措施，如使用 G120 的数字量输入端子 DI 来触发 OFF2 或 OFF3 停车。

5.1.4　S7-1200 PLC 与 G120 变频器的 PROFINET 通信

G120 变频器的控制单元 CU240E-2 PN 或 CU240E-2 PN-F 集成有以太网 PROFINET（简称 PN）通信接口，即变频器可作为 PLC 的 PROFINET I/O 设备，与 PLC 通过以太网进行通信。G120 变频器与 S7-1200 PLC 通过以太网通信的组态步骤如下。

1. 硬件组态

（1）创建工程项目

用鼠标双击桌面上的 图标，打开 TIA Portal 编程软件，在 Portal 视图中选择"创建新项目"，输入项目名称"M_yitai"，选择项目保存路径，然后单击"创建"按钮完成项目创建。

（2）硬件组态

在项目视图的项目树中用鼠标双击"添加新设备"图标 📑，添加设备名称为 PLC_1 的设备 CPU 1214C（CPU 的型号应与实物相同）。单击"网络视图"，然后打开"硬件目录"下的"其他现场设备"，选择"PROFINET IO"→"Drives"→"SIEMENS AG"→"SINAMICS"→"SINAMICS G120 CU240E-2 PN（-F）V4.6"，拖动"SINAMICS G120 CU240E-2PN（-F）V4.6"到设备 PLC_1 右侧（见图 5-19），单击变频器上的"未分配"，再单击出现的"PLC_1. PROFINET 接口_1"，出现一条绿色连线，表明完成了"选择 IO 控制器"的连接，即 PLC 与变频器之间建立了以太网连接（或选中 PLC 上的以太网接口，按住鼠标拖动至变频器上的以太网接口）。

图 5-19　添加控制单元及网络连接及名称

（3）组态 S7-1200 PLC 的名称及分配 IP 地址

单击 S7-1200 PLC 的以太网接口，打开其巡视窗口，可以看到组态的 PLC_1 设备 IP 地址为 192.168.0.1，名称为"plc_1"，已添加的 PLC 设备名称或 IP 地址都可更改，在此，不做改动。

（4）组态 G120 变频器的名称及分配 IP 地址

单击 G120 变频器的以太网接口，打开其巡视窗口，可以看到组态的 G120 变频器设备 IP 地址为 192.168.0.3，名称为"SINAMICS-G120-CU240E-2PN"，在此变频器的 IP 地址不做改动，将名称改为"g120_1"（取消"自动生成 PROFINET 设备名称"前的勾）。

（5）组态 G120 变频器的报文

双击 G120 变频器，选择"硬件目录"下的"子模块"，将标准报文 1，PZD-2/2 拖动到"设备概览"的插槽 13 中（见图 5-20），可以看到系统自动分配的 I/O 地址为 IB68~71，QB64~67。

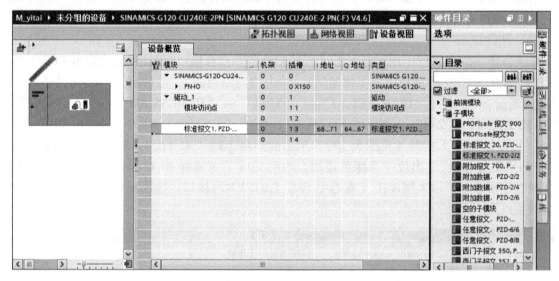

图 5-20 添加报文及名称

对以上硬件组态进行保存、编译并下载到 CPU 中。

2. 配置 G120 变频器

单击项目树中"在线访问"下的计算机网卡（Realtek PCIe GbE Family Controller），双击"更新可访问的设备"，在搜索到的 g120[192.168.0.3]文件夹中双击"在线并诊断"，打开"在线并诊断"窗口，单击"功能"下的"命名"选项，在"PROFINET 设备名称"文本框中更改 G120 的名称为 g120_1（注意：要与硬件组态时的名称一致），然后单击右下角的"分配名称"按钮 分配名称 ，在巡视窗口的"信息"中能看到设备名称已成功分配；单击"功能"下的"分配 IP 地址"选项，在"IP"文本框更改 G120 的 IP 的地址 192.168.0.3（注意：要与硬件组态时的 IP 地址一致），单击下面的"分配 IP 地址"按钮 分配 IP 地址 ，更改便完成了（在巡视窗口的"信息"中能看到"参数已成功传送"）。更改的名称或 IP 地址在变频器重新起动后生效。

3. 修改 G120 变频器参数

双击项目树中"在线访问"下的计算机网卡中变频器 g120_1 的"参数"，选中"参数视图"标签，根据实际需要进行复位和快速调试。单击"通信"下的"配置"，将宏参数 p0015 改为 7（现场总线，带有数据组转换），报文参数 p0922 系统默认参数为"[1]标准报文 1，PZD-2/2"，无须更改（见图 5-21）。现场总线控制的宏定义的接口方式如图 3-2 所示。

图 5-21 修改报文参数 p0922 及名称

4. 控制字地址

在变频器的"设备视图"的"设备概览"窗口中可以看到变频器的相关信息，在输入和输出地址列中可以看到控制单元作为 1200 PLC 以太网外部设备的输入/输出地址。QW64 为变频器的命令控制字，QW66 为变频器的运行频率控制字；IW68 为变频器的运行状态反馈字，IW70 为变频器实际运行速度反馈字。变频器的命令控制字 0~15 位的含义见表 5-3。

5. 程序编写

打开 OB1 组织块编写程序，程序如图 5-22 所示。

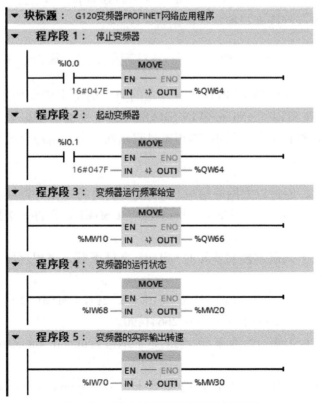

图 5-22 以太网控制变频器运行程序

程序说明：

程序段 1：停止变频器运行，其控制字为 16#047E。

程序段 2：起动变频器，其控制字为 16#047F。

程序段 3：给定变频器的运行频率，给定数据 16#0000～16#4000 对应于给定频率 0～50Hz，即对应于 0 至额定转速。

程序段 4：监控变频器的运行状态是否运行、是否有故障等。

程序段 5：监控变频器驱动电动机的实际运行转速。16#0000～16#4000 对应于 0 至额定转速。

注意：

变频器的起动和停止信号均为脉冲信号。

6. 下载调试

程序编写好后，进行编译和保存。选中 PLC_1 设备下载，打开 OB1 并启动监控功能。为了可调节电动机的转速，并能监控电动机的运行，在此建立变量表，可在线修改变频器的运行转速值。在启动变频器之前最好先触发变频器停止信号，然后再触发变频器运行信号。

打开新建监控表，在"地址"栏中输出地址 MW10、MW20 和 MW30，单击"全部监视"按钮，启动监控功能。在"修改值"栏输入 16#0000～16#4000 之间的不同值，单击"立即一次性修改所有选定值"按钮，观察电动机转速是否变化，同时观察电动机运行速度与控制速度是否一致。

码 5-1　S7-1200 PLC 与 G120 变频器的 PROFINET 通信

5.1.5　S7-200 SMART PLC 与 G120 变频器的 PROFINET 通信

G120 变频器与 S7-200 SMART PLC 通过以太网通信的组态步骤如下（系统要求 S7-200 SMART PLC 的编程软件 STEP 7-Micro/WIN SMART 在 V2.4 版本及以上，CPU 的固件版本也在 V2.4 及以上。编程软件的版本不同，其组态过程相同，个别组态界面略有差异）。

1. 添加 GSDML 文件

S7-200 SMART PLC 通过以太网通信与 G120 变频器进行通信，需要添加通用站点描述标记语言（Generic Station Description Markup Language，GSDML）文件，请用户到西门子官方下载，或在本书提供的资源中下载。

以下链接中提供了不同版本控制单元的 GSDML 文件下载，请根据所使用的控制单元下载相应版本的 GSDML 文件。

控制单元 CU230P-2PN、CU240E-2PN、CU250S-2PN GSDML 文件下载地址为 https://support.automation.siemens.com/CN/view/en/26641490。

控制单元 G120C GSDML 文件下载地址为 https://support.automation.siemens.com/CN/view/en/60602080。

控制单元 G120D GSDML 文件下载地址为 https://support.automation.siemens.com/CN/view/en/60592893。

一般当 STEP 7-MicroWIN SMART 软件中没有安装 GSD 文件时，将无法组态 G120 变频器，因此在组态变频器之前，需要安装 GSD 文件（之前安装了 GSD 文件的，可忽略此步骤）。

打开 S7-200 SMART PLC 编程软件 STEP 7-MiroWIN SMART，在"文件"菜单工具栏中单击"GSDML 管理"按钮，弹出"GSDML 管理"对话框，单击"浏览"按钮，打开 GSDML 文件，在"导入的 GSDML 文件"列表框中勾选已添加的 GSDML 文件，然后单击"确定"按钮，即可添加完成，如图 5-23 所示。

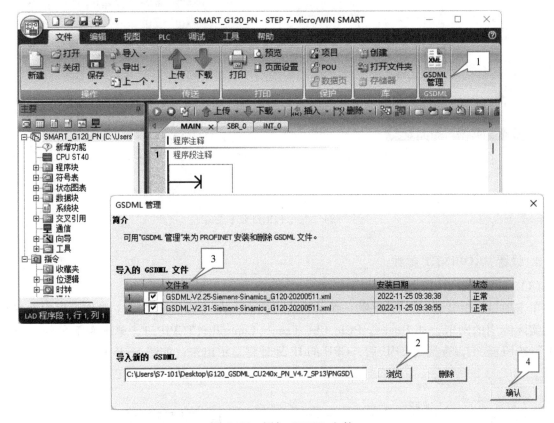

图 5-23　添加 GSDML 文件

2. 查找 PROFINET 设备

单击 S7-200 SMART PLC 编程窗口"工具"菜单栏中的"查找 PROFINET 设备"按钮，弹出"查找 PROFINET 设备"对话框，在"通信接口"下拉列表框中选择接口类型，在此选择"Realtek PCIe FE Family Controller. TCPIP. 1"，然后单击左下角的"查找设备"按钮，查找结果如图 5-24 所示。

 注意：
　　使用以太网方式查找设备时，应事先将计算机的 IP 地址与 PLC 的 IP 地址设置在同一网段中。

从图 5-24 中可以看出，在线查到的 G120 变频器 IP 地址是 192. 168. 0. 3，站名称为 g120，在后续步骤中要组态的变频器 IP 地址和站名称要与此一致。

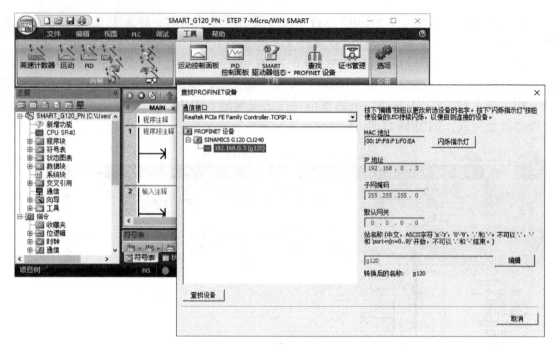

图 5-24 查找 PROFINET 设备

3. 设置 PROFINET 参数

(1) 查看 CPU 的 IP 地址

单击项目树中"通信"图标 📟，弹出通信对话框，在"通信接口"下拉列表框中选择计算机实际使用的网卡，如 Realtek PCIe GbE Family Controller. TCPIP. 1，单击左下角的"查找 CPU"按钮 查找CPU，查找到 CPU 后，CPU 的 IP 地址将显示出来，如图 5-25 所示。

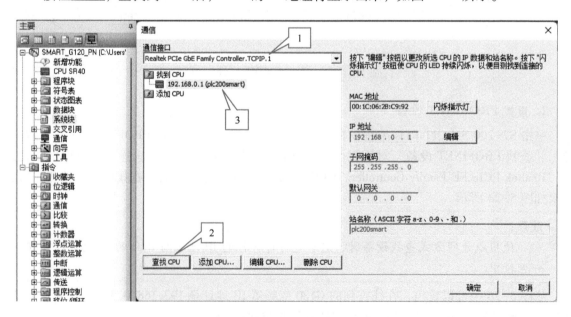

图 5-25 查找 CPU 的 IP 地址

（2）配置 PLC 角色及组态以太网端口

在编程软件窗口左侧的项目树中，双击"向导"文件夹中的"PROFINET"选项，在弹出的"PROFINET 配置向导"对话框中，在"PLC 角色"配置选项中选择"控制器"，在"以太网端口"的"IP 地址"中组态 PLC 的 IP 地址（注意：CPU 的 IP 地址必须与计算机及 G120 变频器为同一网段的地址，且不能重叠），如图 5-26 所示，然后单击"下一步"按钮。

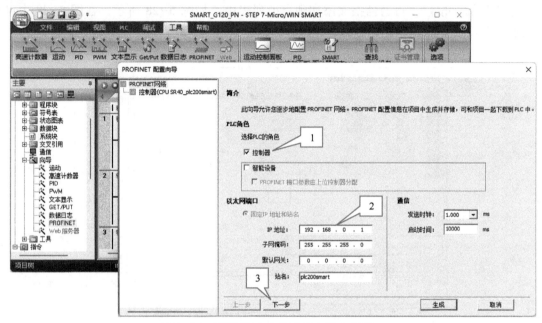

图 5-26　配置 PLC 角色及组态以太网端口

（3）添加 G120 变频器及更改参数

在图 5-27 中，选中 G120 变频器（在此，选择控制单元为 SINAMICS G120 CU240E-2PN（-F）），然后单击"设备表"下方的"添加"按钮，此时可以看到 G120 变频器已添加到网络中，并与 SMART PLC 建立 PROFINET 网络连接。

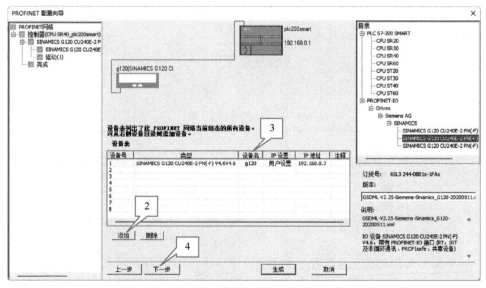

图 5-27　添加 G120 变频器及更改参数

在"PROFINET 配置向导"对话框的"设备表"中更改"设备名"和"IP 地址"（一定要与图 5-24 中一致），在此，将 G120 变频器的设备名更改为 g120，将 IP 地址更改为 192.168.0.3，如图 5-27 所示，然后单击"下一步"按钮。

（4）添加通信报文

在图 5-28 的添加"模块"窗口右侧选择"子模块"文件夹中的"标准报文 1，PZD-2/2"，然后单击"添加"按钮，将通信报文添加到模拟列表中，如图 5-28 所示。在图 5-28 中可以看到控制字和反馈字的首地址为 QB128 和 IB128，分别占用 4B。

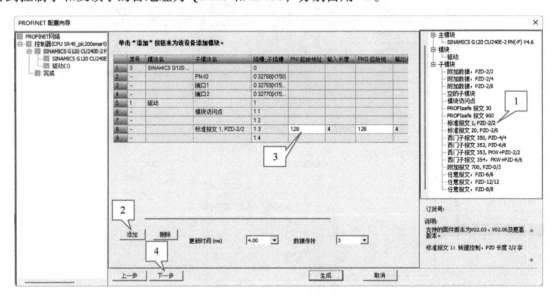

图 5-28　添加通信报文

配置好通信报文后，单击"下一步"按钮，将弹出所配置 G120 变频器的硬件相关信息；单击"下一步"按钮，将弹出所配置 G120 变频器的 GSDML 文件信息；单击"下一步"按钮，将弹出所配置 G120 变频器的"地址总览"列表框，如图 5-29 所示，然后单击"生成"按钮。

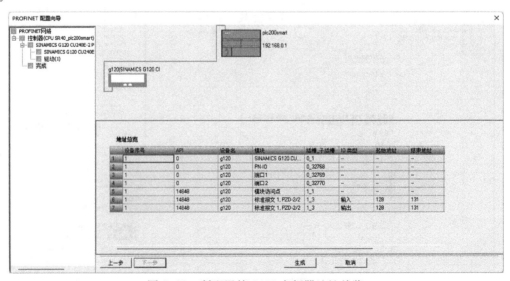

图 5-29　所配置的 G120 变频器地址总览

　　单击"生成"按钮后，弹出配置向导提示，如图 5-30 所示，单击"确定"按钮，结束 PROFINET 配置向导，即完成 PROFINET 网络配置过程。

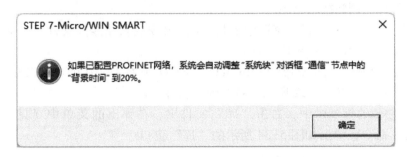

图 5-30　PROFINET 配置向导提示

4. 编写程序

　　在此，通过 I0.0 停止电动机的运行，I0.1 控制电动机正向运行，I0.2 控制电动机反向运行，速度设定值在 VD0 中，如图 5-31 所示。

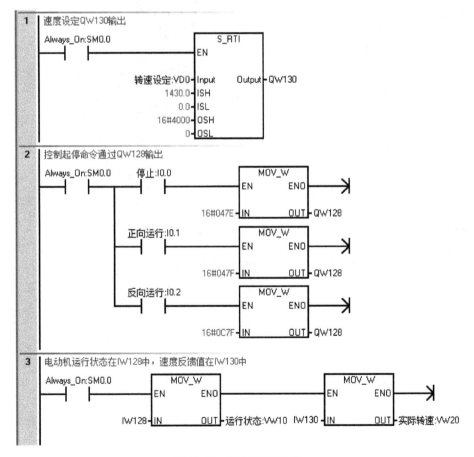

图 5-31　控制程序示例

　　图 5-31 中通过转换 S_RTI 指令（将输入的浮点数转换为成比例的整数）将电动机运行的转速 0~1430 r/min 转换为 0~16#4000，作为转速设定值。

转换 S_RTI 指令在指令树的"库"文件夹中，该指令需要用户添加到库文件中，添加步骤如下（如果用户所使用的编程软件中已含有，则此步骤省略）。

1）下载模拟量比例转换指令库。

读者在网络上或本书的配置的资源中下载模拟量比例转换指令库文件"scale"。

2）添加模拟量比例转换指令库文件。

在计算机桌面的编程软件 STEP 7-MiroWIN SMART 上右击，在弹出的菜单中选中"以管理员身份运行"命令，如图 5-32 所示，打开编程软件。

在编程软件左侧的指令树中，右击"库"文件夹，在弹出的菜单中（见图 5-33）选中"打开库文件夹"命令，弹出如图 5-34 所示的"库"窗口。

图 5-32 右键属性菜单　　　　　　　　图 5-33 "库"文件夹右键属性菜单

图 5-34 "库"窗口

将下载的模拟量比例转换指令库文件"scale"复制到此库中（见图 5-34），然后关闭"库"窗口，关闭编程软件。

再次打开编程软件 STEP 7-MiroWIN SMART，在编程软件左侧的指令树中，右击"库"文件夹，在弹出的菜单中（见图 5-33）选中"刷新库"命令，库刷新完成后，打开指令树中的"库"文件夹，便可看到模拟量比例转换指令，如图 5-35 所示。

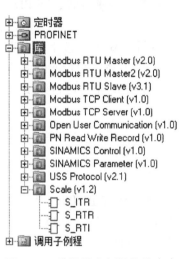

码 5-2　S7-200 SMART PLC 与 G120 变频器的 PROFINET 通信

图 5-35　模拟量比例转换指令库

5. 变频器参数设置

G120 变频器通过 PROFINET 网络与 S7-200 SMART PLC 进行通信时，其参数设置见表 5-7（电动机参数可根据实际使用的额定数据设置），若使用调试软件在线设置则操作更为方便。

表 5-7　变频器参数设置

变频器参数	设 定 值	单 位	说 明
p0010	1/0	—	设置 1，设置 0
p0015	7	—	接口宏 7，现场总线，带有数据组切换
p0304	380	V	电动机的额定电压
p0305	0.3	A	电动机的额定电流
p0307	0.37	kW	电动机的额定功率
p0310	50.00	Hz	电动机的额定频率
p0311	1430	r/min	电动机的额定转速
p0922	1	—	1 报文（当 p0015 为 7 时，此参数默认值为 1），PZD-2/2
p8920	g120	—	设置 PROFINET 站名称
p8921	192.168.0.3	—	设置 PROFINET 站的 IP 地址
p8923	255.255.255.0	—	设置 PROFINET 站的子网掩码

5.2 案例9 基于 PROFINET 通信的电动机运行控制

5.2.1 任务导入

现代智能生产设备中，变频器通过 PLC 监控已是常用控制方式，而 PLC 与变频器之间通过以太网方式通信更为普及。

本案例要求通过 PROFINET 网络控制电动机的运行，要求若按下正向起动按钮 SB1，由 G120 变频器驱动的电动机正向运行且正向运行指示灯 HL1 亮，运行速度为 500 r/min；若按下反向起动按钮 SB2，电动机反向运行且反向运行指示灯 HL2 亮，运行速度为 300 r/min。按下停止按钮 SB3 时，电动机停止。

5.2.2 任务实施

1. 原理图绘制

根据项目要求分析可知：正向起动按钮 SB1，反向起动按钮 SB2，停止按钮 SB3 等常开触点作为 PLC 的输入信号，电动机正反向运行指示灯 HL1 和 HL2 作为 PLC 的输出信号，其项目 I/O 地址分配见表 5-8。按上述分析其控制电路如图 5-36 所示。

表 5-8　基于 PROFINET 网络的电动机运行控制 PLC 的 I/O 地址分配

输　入			输　出		
元　件	输入继电器	作　用	元　件	输出继电器	作　用
按钮 SB1	I0.0	电动机正向起动	指示灯 HL1	Q0.0	正向运行指示
按钮 SB2	I0.1	电动机反向起动	指示灯 HL2	Q0.1	反向运行指示
按钮 SB3	I0.2	电动机停止			

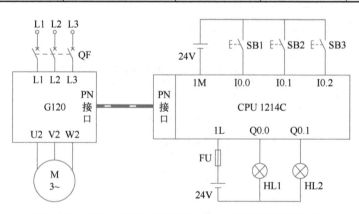

图 5-36　基于 PROFINET 网络的电动机运行控制原理图

2. 参数设置

本项目中使用现场总线控制电动机的运行，在此选择预定义宏参数 p0015 为 7，电动机的相关参数务必与电动机的铭牌数据一致。

3. 硬件组态

新建一个基于 PROFINET 网络的电动机运行控制项目，打开编程软件，添加 S7-1200 PLC 的 CPU 1214C 模块。网络组态可参考 5.1.4 节进行。

4. 软件编程

基于 PROFINET 网络的电动机运行控制程序如图 5-37 所示。

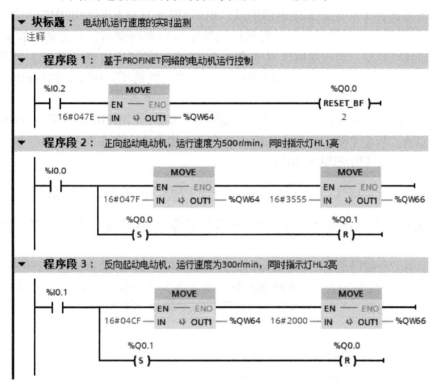

图 5-37　基于 PROFINET 网络的电动机运行控制程序

5. 硬件连接

请读者参照图 5-36 的基于 PROFINET 网络的电动机运行控制原理图进行线路连接，连接后再经检查或测量确认连接无误后方可进入下一实施环节。

6. 程序下载

选择设备 PLC_1，将基于 PROFINET 网络的电动机运行控制项目下载到 PLC 中。

7. 系统调试

硬件连接、参数设置和项目下载好后，打开 OB1 组织块，启动程序状态监控功能。首先按下停止按钮 SB3，然后按下正向起动按钮 SB1，观察电动机是否正向起动并运行于 500 r/min，正向运行指示灯 HL1 是否点亮。按下停止按钮 SB3，再按下反向起动按钮 SB2，观察电动机是否反向起动并运行于 300 r/min，反向运行指示灯 HL2 是否点亮（反向运行控制字为 16#0C7F）。如上述调试现象符合项目控制要求，则本案例任务完成。

5.2.3　任务拓展

拓展任务要求同案例 9，在此，还要求按下停止按钮时，先运行于 150 r/min，5 s 后，再停止运行。

5.3 PROFIBUS 网络通信

5.3.1 PROFIBUS 通信简介

PROFIBUS 是西门子的现场总线通信协议，也是 IEC 61158 国际标准中的现场总线标准之一。现场总线 PROFIBUS 满足了生产过程现场级数据可存取的要求，一方面它覆盖了传感器/执行器领域的通信要求，另一方面又具有单元级领域所有网络级通信功能。特别在"分散 I/O"领域，有大量的、种类齐全、可连接的现场总线可供选用，因此，PROFIBUS 已成为国际公认的标准。

从用户的角度看，PROFIBUS 提供 3 种通道协议类型：PROFIBUS-FMS、PROFIBUS-DP 和 PROFIBUS-PA，其中 PROFIBUS-DP 应用最广泛，因此，本节主要介绍西门子 S7 系列 PLC 与 G120 变频器之间的 PROFIBUS-DP 通信。

5.3.2 S7-1200 PLC 与 G120 变频器的 PROFIBUS-DP 通信

本节主要通过例 5-3 详细介绍西门子 S7-1200 PLC 与 G120 变频器之间 PROFIBUS-DP 通信的组态过程。

【例 5-3】用 1 台西门子 S7-1200 PLC 通过 PROFIBUS-DP 通信方式对 G120 变频器进行控制，实现对 1 台电动机的起停及无级调速控制。电动机的额定参数为：额定功率 0.37 kW、额定电压 380 V、额定电流 0.3 A、额定转速 1430 r/min、额定频率 50 Hz。

1. 软硬件配置

1）1 套 TIA Portal V16 和 Startdrive V16 软件。

2）1 台 G120 变频器控制单元为 CU 240E-2 DP。

3）1 台 CPU 1214C 和 CM 1243-5。

4）1 根带有 PROFIBUS-DP 连接器的通信线（或屏蔽双绞线）。

5）1 台电动机。

6）1 台装有上述两软件的计算机。

2. 硬件连接

S7-1200 PLC 左侧增加一块通信模块 CM1243-5，通信模块 CM1243-5 与 G120 之间通过两端带有连接器的 PROFIBUS-DP 电缆相连接，将变频器的终端电阻都置为 ON 位置（后续章节相同），如图 5-38 所示。

3. 硬件组态

1）创建项目。

打开 TIA Portal V16 软件，新建一个项目，名称为 1200_G120_DP，并打开其项目视图。

2）添加新设备。

添加 CPU：在打开的项目视图中，双击项目树中的"添加新设备"，添加 S7-1200 PLC，在此选择 CPU1214C（AC/DC/Rly）。

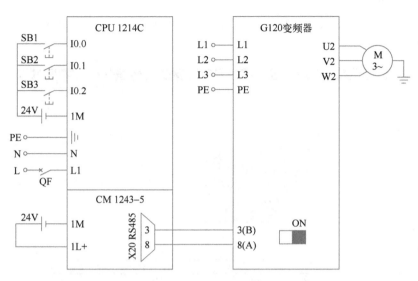

图 5-38　S7-1200 PLC 与 G120 连接示意图

添加通信模块：在项目树的设备名称 "PLC_1" 文件夹中，选择 "设备组态"→"设备视图" 标签，在项目视图右侧的 "硬件目录" 中，打开 "通信模块" 文件夹，按住 CM1243-5 将其拖动到 CPU1214C 左侧的 101 号槽上，如图 5-39 所示。

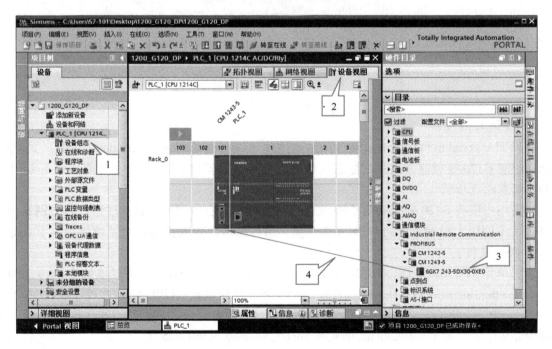

图 5-39　添加通信模块

3）配置 PROFIBUS 接口。

选中图 5-40 中的通信模块 CM1243-5 下方的 PROFIBUS 接口，在打开的巡视窗口中单击 "属性"→"常规"→"PROFIBUS 地址" 选项，然后在右侧窗口单击 "添加新子网" 按钮，新建一个名称为 "PROFIBUS_1" 的 PROFIBUS 子网。新建的 PROFIBUS 子网中，PLC 通信模块的 PROFIBUS 接口地址、通信比特率都可以更改，系统默认地址为 2（最高地址为 126），传输率为 1.5 Mbit/s。

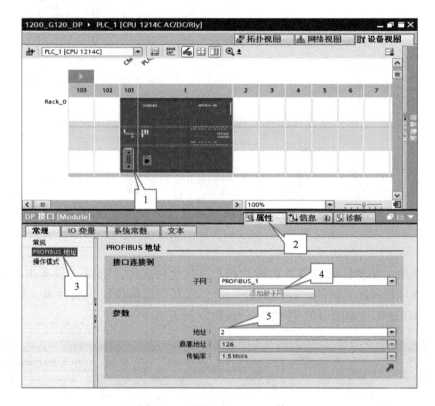

图 5-40　配置 PROFIBUS 接口

4）安装 GSD 文件。

如果 TIA Portal 软件中没有安装通用站点描述（Generic Station Description，GSD）文件时，将无法组态 G120 变频器，因此在组态变频器之前，需要安装 GSD 文件（之前安装了 GSD 文件的，可忽略此步骤）。

如果用户没有 G120 变频器的 GSD 文件，可到西门子官方网站下载。注意：官方网站为用户提供了不同版本控制单元的 GSD 文件下载，请根据所使用的控制单元及硬件版本下载相应版本的 GSD 文件。

控制单元 CU230P-2 DP、CU240x-2 DP、CU250S-2 DP GSD 文件下载地址为 https://support. automation. siemens. com/CN/view/en/23450835。控制单元 G120C GSD 文件下载地址为 https://support. automation. siemens. com/CN/view/en/60292416。控制单元 G120D GSD 文件下载地址为 https://support. automation. siemens. com/CN/view/en/60292521。

在图 5-41 中，单击项目视图菜单栏中的"选项"→"管理通用站描述文件（GSD）(D)"，弹出"管理通用站描述文件"窗口，如图 5-42 所示。单击"源路径"文本框后面的"浏览"按钮，打开 G120 变频器的源文件，然后选择 G120E-2 DP 变频器的 GSD 文件"SIO48178. gse"，最后单击"安装"按钮进行安装，安装完成后会弹出安装结果提示信息"安装已成功完成"，软件将自动更新硬件目录。

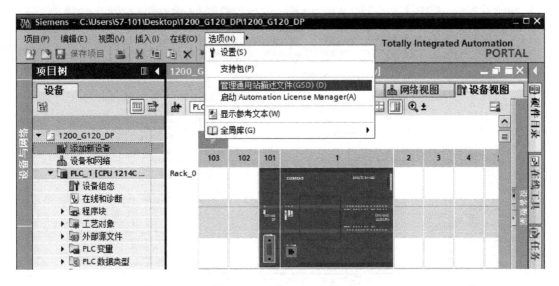

图 5-41　安装 GSD 文件 1

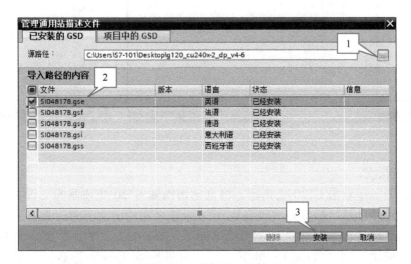

图 5-42　安装 GSD 文件 2

5）配置 G120 变频器。

在项目视图的项目树中，单击"设备组态"→"网络视图"标签，然后展开右侧的"硬件目录"，选择"其他现场设备"→"PROFIBUS DP"→"驱动器"→"SIEMENS AG"→"SINAMICS"→"SINAMICS G120 CU240x-2DP（F）V4.6"→"6SL3 244-0BBxx-1PA1"，拖动"6SL3 244-0BBxx-1PA1"到 PLC 的右侧（注意变频器的控制单元及版本号），此时控制单元已添加完成，如图 5-43 所示。

用鼠标左键选中 PLC 的通信模块 CM1243-5 下方的粉红色 PROFIBUS 接口，按住不放，将其拖动到 G120 变频器左边的粉红色 PROFIBUS 接口处，然后松开鼠标左键，此时 PLC 的通信模块与 G120 变频器之间自动生成一条 PROFIBUS 通信网络，名称为"PLC_1. DP-Mastersystem（1）"（见图 5-43）。

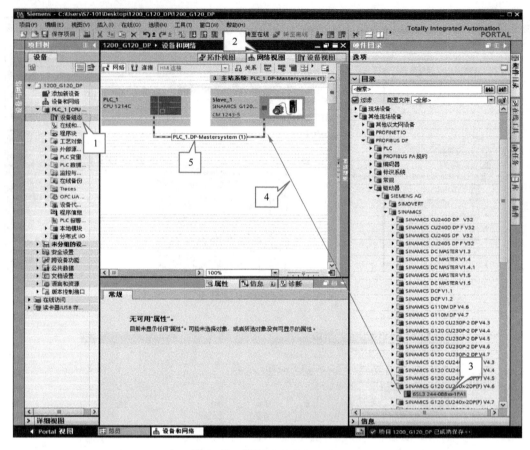

图 5-43 配置 CU240E-2 DP

6）配置通信报文。

在"网络视图"中双击 G120 变频器，将自动切换到 G120 变频器的"设备视图"选项卡中，通过单击"硬件目录"标签和"设备视图"标签之间的向左三角形按钮，打开"设备概览"选项卡。在"硬件目录"中选中"SIEMENS telegram 352，PZD-6/6"，并拖动到"设备概览"选项卡"模块"列"Slave_1"的下一行，如图 5-44 所示。注意：如果 PLC 侧选择通信报文 352，那么变频器侧也要选择报文 352。

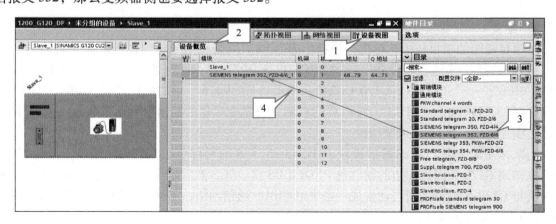

图 5-44 配置通信报文

从图 5-44 中可以看到（在"设备概览"窗口的 Q 地址列）：报文的控制字是 QW64，主设定值是 QW66，而状态字 1 为 IW68。

4. 设置 G120 变频器参数

1）变频器的参数设置见表 5-9。

表 5-9　变频器参数设置

变频器参数	设 定 值	单　位	说　明
p0010	1/0	—	设置 1，设置 0
p0015	4	—	接口宏 4（352 号报文）
p0304	380	V	电动机的额定电压
p0305	0.3	A	电动机的额定电流
p0307	0.37	kW	电动机的额定功率
p0310	50.00	Hz	电动机的额定频率
p0311	1430	r/min	电动机的额定转速
p0918	3	—	DP 地址
p0922	352	—	352 报文（当 p0015 为 4 时，此参数默认值为 352）

注意：

在此变频器的接口宏设置为 4，采用的是西门子报文 352，与 S7-1200 PLC 组态时选用的报文是一致的。

2）G120 变频器的 PROFIBUS 站地址的设置。

G120 变频器的 PROFIBUS 站地址除了要在参数中设置外，还要在变频器面板上设定。变频器面板上有一排 DIP 拨码开关用于设置 PROFIBUS 站地址（见图 1-23），每个 DIP 拨码开关对应一个"8-4-2-1"码的数据，所有 DIP 拨码开关处于"ON"位置时所对应的数据相加的和就是该变频器最终的 PROFIBUS 站地址，如图 5-45 所示。

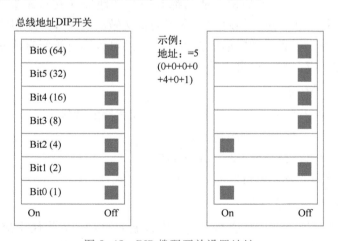

图 5-45　DIP 拨码开关设置地址

如果将 DIP 拨码开关的 Bit 0 和 Bit 2 拨至 "ON" 处，其他位处在 "OFF" 处，则站地址为 0+0+0+0+4+0+1=5，在此将 DIP 拨码开关的 Bit 0 和 Bit 1 拨至 "ON" 处，其他位处在 "OFF" 处，即该 G120 变频器的站地址为 3（此地址应与变频器的参数 p0198 中设置的地址一致）。

 注意：

1) 所有 DIP 拨码开关为 "ON" 或 "OFF" 时，用 p0918 设置 PROFIBUS 站地址。

2) DIP 拨码开关设置 PROFIBUS 站地址优先。

3) 使用 DIP 拨码开关设置好站地址后，最好断开变频器进线电源和外部 24 V 电源，然后重新上电，后续需要通过 DIP 拨码开关设置变频器站地址的项目相同。

5. 调试

将项目下载到 PLC 中，可以先打开监控表，在监控表中输入控制字的地址及数值，用来测试 PLC 和 G120 变频器组态是否正确。

 注意：

控制字 QW64 = 16#047E 表示停止，QW64 = 16#047F 表示起动；QW66 = 16#4000 对应于电动机运行频率为额定频率 50 Hz。

码 5-3　S7-1200 PLC 与 G120 变频器的 PROFIBUS-DP 通信

当组态及变频器参数设置正确后，再根据项目的控制要求编写 PLC 的控制程序，待调试正确后再投入系统运行。

5.4　USS 网络通信

5.4.1　USS 通信简介

西门子公司的变频器都有一个串行通信接口，采用 RS485 半双工通信方式，以 USS 协议（Universal Serial Interface Protocol，通用串行接口协议）作为现场监控和调试协议，其设计标准适用于工业环境的应用对象。USS 协议是主从结构的协议，规定了在 USS 总线上可以有一个主站和最多 30 个从站，总线上的每个从站都有一个站地址（在从站参数中设置），主站依靠它识别每个从站，每个从站也只能对主站发来的报文做出响应并回送报文，从站之间不能直接进行数据通信。另外，还有一种广播通信方式，主站可以同时给所有从站发送报文，从站接收到报文后做出相应回应，当然也可不回送报文。

1. 使用 USS 协议的优点

1) USS 协议对硬件设备要求低，减少了设备之间布线的数量。

2) 无须重新布线就可以改变控制功能。

3) 可通过串行接口设置来修改变频器的参数。

4) 可连续对变频器的特性进行监测和控制。

2. USS 通信硬件连接注意事项

1) 在条件允许的情况下，USS 主站尽量选用直流型的 CPU。当使用交流型的 CPU 22X 和单相变频器进行 USS 通信时，CPU 22X 和变频器的电源必须接成同相位。

2) 一般情况下，USS 通信电缆采用双绞线即可，如果干扰比较大，可采用屏蔽双绞线。

3）在采用屏蔽双绞线作为通信电缆时，把具有不同电位参考点的设备互联后在连接电缆中形成不应有的电流，这些电流导致通信错误或设备损坏。要确保通信电线连接的所有设备共用一个公共电路参考点，或是相互隔离以防止干扰电流产生。屏蔽层必须接到外壳地或 9 针连接器的 1 脚。

4）尽量采用较高的比特率，通信速率只与通信距离有关，与干扰没有直接关系。

5）终端电阻是用来防止信号反射的，并不用来抗干扰。如果通信距离很近，比特率较低或点对点的通信情况下，可不用终端电阻。

6）不要带电插拔通信电缆，尤其是正在通信过程中，这样极易损坏传动装置和 PLC 的通信端口。

5.4.2　S7-1200 PLC 与 G120 变频器的 USS 通信

S7-1200 PLC 的 USS 通信需要配置串行通信模块，如 CM1241（RS485）、CM1241 RS422/485 或 CB1241 RS485 板，每个 RS485 端口最多可与 16 台变频器通信。一个 S7-1200 CPU 中最多可安装 3 个 CM1241 或 RS422/485 模块和一个 CB1241 RS485 板。

S7-1200 CPU（V4.1 版本及以上）扩展了 USS 功能，可以使用 PROFINET 或 PROFIBUS 分布式 I/O 机架上的串行通信模块与西门子的变频器进行 USS 通信。

下面通过一个例子介绍 S7-1200 PLC 与 G120 变频器进行 USS 通信。

【例 5-4】用一台西门子 S7-1200 PLC 通过 USS 通信方式对 G120 变频器进行控制，实现对一台电动机的起停及无级调速控制。电动机的额定参数为：额定功率 0.37 kW、额定电压 380 V、额定电流 0.3 A、额定转速 1430 r/min、额定频率 50 Hz。

使用 PLC 通过 USS 通信方式对变频器进行控制，需要在 PLC 中编程相关的控制程序，PLC 为 USS 通信提供了所有通信指令。在此，先介绍 S7-1200 PLC 的 USS 通信相关指令。

1. USS 通信指令

（1）USS_PORT

USS_PORT 指令（见图 5-46）用来处理 USS 程序段上的通信，主要用于设置通信接口参数。在程序中，每个串行通信端口使用一条 USS_PORT 指令来控制与一个驱动器的通信。通常程序中每个串行通信端口只有一个 USS_PORT 指令，且每次调用该功能都会处理与单个驱动器的通信。与同一个 USS 网络和串行通信端口相关的所有 USS 功能都必须使用同一个背景数据块。

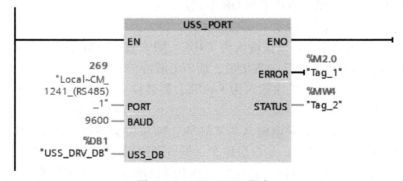

图 5-46　USS_PORT 指令

USS_PORT 指令参数意义如下：

1）PORT：USS 通信端口标识符，为常数，可在 PLC 的默认变量表的"系统常量"选项卡中引用。

2）BAUD：USS 通信比特率。常用比特率有 4800 bit/s、9600 bit/s、19200 bit/s、38400 bit/s、57600 bit/s、115200 bit/s 等。

3）USS_DB：USS_DRIVE 指令的背景数据块。

4）ERROR：输出错误，0 为无错误，1 为有错误。在发生错误时，ERROR 置位为 TRUE，同时在 STATUS 输出端输出相应的错误代码。

5）STATUS：扫描或初始化的状态。

使用 USS_PORT 指令要注意：比特率和奇偶校验必须与变频器和串行通信模块硬件组态一致。

S7-1200 PLC 与变频器的通信是与它本身的扫描周期不同步的，在完成一次与变频器的通信事件之前，S7-1200 PLC 通常完成了多个扫描。用户程序执行 USS_PORT 指令的次数必须足够多，以防止驱动器超时。通常从循环中断 OB 中调用 USS_PORT 以防止驱动器超时，确保 USS_DRV 调用最新的 USS 数据更新内容。

USS_PORT 通信的时间间隔是 S7-1200 PLC 与变频器通信所需要的时间，不同的通信比特率对应不同的 USS_PORT 通信间隔时间。不同的比特率对应的 USS_PORT 最小通信间隔见表 5-10。

表 5-10　比特率对应的 USS_PORT 最小通信间隔时间

比特率/(bit/s)	最小时间间隔/ms	最大时间间隔/ms
4800	212.5	638
9600	116.3	349
19200	68.2	205
38400	44.1	133
57600	36.1	109
115200	28.1	85

（2）USS_DRV

USS_DRV 指令（见图 5-47）用来处理与变频器进行交换数据，从而读取变频器的状态并控制变频器的运行。每个变频器使用唯一的一个 USS_DRV 指令，但是同一个 CM1241（RS485）模块的 USS 网络的所有变频器（最多 16 个）都使用一个 USS_DRV_DB。USS_DRV 指令必须在 OB 中调用，不能在循环中断 OB 中调用。

USS_DRV 指令参数意义如下：

1）RUN：驱动器起始位，如果该输入为 TRUE，则该输入使驱动器能以预设的速度运行。注意：RUN 的有效信号是高电平且一直接通，而不是脉冲信号。

2）OFF2：电气停止位，如果该输入为 FALSE，则该位会导致驱动器逐渐停止而不使用制动装置，即自由停车。

3）OFF3：快速停止位，如果该输入为 FALSE，则该位会通过制动驱动器来使其快速停止，即 OFF3 为高电平时（TRUE）是自由停车，低电平则通过制动快速停车。

4）F_ACK：故障应答位，该位将复位驱动器上的故障位。故障清除后该位置位，以通知驱动器不必再指示上一个故障。

5）DIR：旋转方向控制位，如果该输入为 TRUE，电动机旋转方向为正向（当 SPEED_SP 为正数时）。

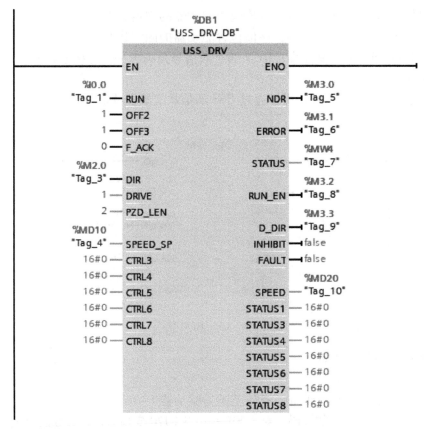

图 5-47　USS_DRV 指令

6）DRIVE：驱动器的 USS 站地址，有效范围为驱动器 1~16。

7）PZD_LEN：PDZ 字长，有效值为 2、4、6 或 8。默认值为 2。

8）SPEED_SP：速度设定值，用频率的百分比表示。正值表示正向。

9）CTRL3：控制字 3，写入驱动器上用户组态的参数中的值。用户必须在驱动器上组态这个值。

10）CTRL8：控制字 8，写入驱动器上用户组态的参数中的值。用户必须在驱动器上组态这个值。

11）NDR：新数据就绪位，如果该位为 TRUE，则表明输出中包含来自新通信请求的数据。

12）ERROR：出现故障，如果该位为 TRUE，则表示发生了错误并且 STATUS 输出有效。发生错误时所有其他输出都复位为零。仅在"USS_PORT"指令的 ERROR 和 STATUS 输出中报告通信错误。

13）STATUS：扫描或初始化的状态。

14）RUN_EN：启用运行位，该位指示驱动器是否正在运行。

15）D_DIR：驱动器运行方向位，该位指示驱动器是否正向运行。

16）INHIBIT：变频器禁止位标志。

17）FAULT：变频器故障，该位表明驱动器已记录一个故障。用户必须清除该故障并置位 F_ACK 位，以清除该位。

18）SPEED：变频器当前速度（驱动器状态字 2 的标定值），用百分比表示。

19) STATUS1: 驱动器状态字 1, 该值包含驱动器的固定状态位。

20) STATUS8: 驱动器状态字 8, 该值包含驱动器的固定状态位。

使用 USS_DRV 指令时需要注意: RUN 的有效信号是高电平一直接通, 而不是脉冲信号。

(3) USS_RPM

USS_RPM 指令 (见图 5-48) 用于通过 USS 通信从变频器读取参数。

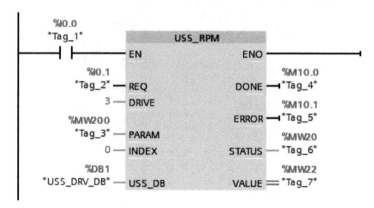

图 5-48　USS_RPM 指令

USS_RPM 指令参数意义如下:

1) REQ: 读取参数请求。

2) DRIVE: 变频器的 USS 地址, 有效范围为驱动器 1~16。

3) PARAM: 变频器的参数代码, 对于 SINAMICS G120 变频器, 此参数的范围为 1~1999。

4) INDEX: 变频器的参数索引代码, 这是一个 16 位的值, 其中最低有效字节是范围 0~255 内的实际索引值。

5) USS_DB: 指定变频器进行 USS 通信的数据块, 是调用 USS_DRV 指令时产生的背景数据块。

6) DONE: 读取参数完成。

7) ERROR: 读取参数错误。

8) STATUS: 读取参数状态代码。

9) VALUE: 所读取参数的值。

 注意:

　　进行读取参数指令编程时, 各个数据的数据类型一定要正确对应。如果需要设置变量读取参数时, 注意该参数变量的初始值不能为 0, 否则容易产生通信错误。

(4) USS_WPM

USS_WPM 指令 (见图 5-49) 用于通过 USS 通信设置变频器参数。

USS_WPM 指令参数意义如下:

1) REQ: 设置参数请求。

2) DRIVE: 变频器的 USS 地址, 有效范围为驱动器 1~16。

3) PARAM: 变频器的参数代码, 对于 SINAMICS G120 变频器, 此参数的范围为 1~1999。

4) INDEX: 变频器的参数索引代码, 这是一个 16 位的值, 其中最低有效字节是范围 0~255 内的实际索引值。

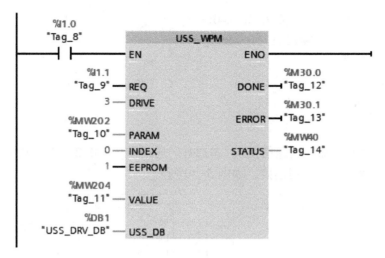

图 5-49　USS_WPM 指令

5）EEPROM：把参数存储到变频器的 EEPROM。

6）VALUE：所设置参数的值。

7）USS_DB：指定变频器进行 USS 通信的数据块，是调用 USS_DRV 指令时产生的背景数据块。

8）DONE：设置参数完成。

9）ERROR：设置参数错误。

10）STATUS：读取参数状态代码。

读写指令的参数代码与参数索引的设置是有一定规则的，对于参数代码需要注意的是：

参数号<2000 PARAM＝参数号。

参数号≥2000 PARAM＝参数号减去偏移。

参数号与参数索引见表 5-11。

表 5-11　参数号与参数索引

参　数　号	偏移	分区索引							
		Hex	位 7	位 6	位 5	位 4	位 3	位 2	位 1	位 0
0000~1999	0	0 hex	0	0	0	0	0	0	0	0
2000~3999	2000	80 hex	1	0	0	0	0	0	0	0
6000~7999	6000	90 hex	1	0	0	1	0	0	0	0
8000~9999	8000	20 hex	0	0	1	0	0	0	0	0
10000~11999	10000	A0 hex	1	0	1	0	0	0	0	0
20000~21999	20000	50 hex	0	1	0	1	0	0	0	0
30000~31999	30000	F0 hex	1	1	1	1	0	0	0	0

如：读写参数 p1120 时，INDEX 设置为 0，PARAM 设置为 1120；读写参数 p7481 时，IN-DEX 设置为 90，PARAM 设置为 1481。

2. 软硬件配置

1）1 套 TIA Portal V16 和 Startdrive V16 软件。

2）1 台 G120 变频器控制单元为 CU 240E-2。

3）1 台 CPU 1214C 和 CM1241（RS485）。

4）1 根屏蔽双绞线。

5）1 台电动机。

6）1 台装有上述两软件的计算机。

3. 硬件连接

S7-1200 PLC 左侧增加一块通信模块 CM1241。通信模块 CM1241 与 G120 之间通过只有一端带有连接器头的双绞线电缆相连接，如图 5-50 所示。

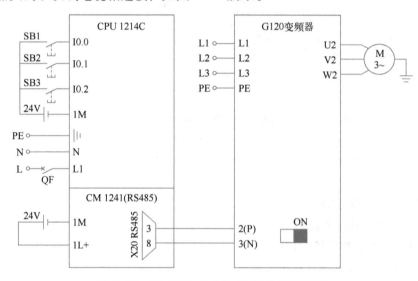

图 5-50　S7-1200 PLC 与 G120 连接示意图

图 5-50 中，按钮 SB1 为正向起动按钮，按钮 SB2 为反向起动按钮，按钮 SB3 为停止运行按钮。

4. 硬件组态

1）创建项目。

打开 TIA Portal V16 软件，新建一个项目名称为 1200_G120_USS，并打开其项目视图。

2）添加新设备。

添加 CPU：在打开的项目视图中，双击项目树中的"添加新设备"，添加 S7-1200 PLC，在此选择 CPU 1214C（AC/DC/Rly）。

添加通信模块：在项目树的设备名称"PLC_1"文件夹中，选择"设备组态"→"设备视图"标签，在项目视图右侧的"硬件目录"中，打开"通信模块"文件夹，按住 CM1241（RS485）将其拖动到 CPU 1214C 左侧的 101 号槽上，如图 5-51 所示。

3）配置 CM1241（RS485）串口

选中图 5-50 中的通信模块 CM1241 下方的 RS485 串口，在打开的巡视窗口中单击"属性"→"常规"→"IO-Link"选项，在此巡视窗口中可以根据实际情况进行"IO-Link"串口参数的修改。在此，不修改"IO-Link"串口参数，如图 5-52 所示。

硬件组态完成后分别单击项目视图工具栏上的"编译"按钮🔧和"保存项目"按钮💾，对硬件组态的内容进行编译和保存。

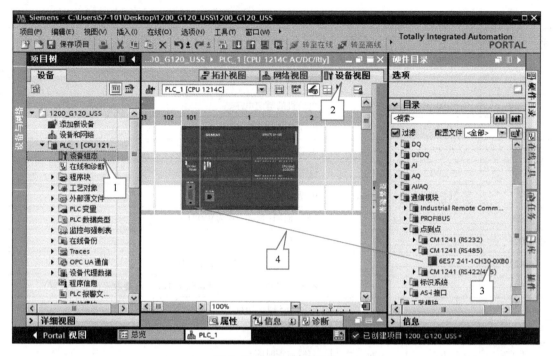

图 5-51　添加通信模块

图 5-52　"IO-Link" 串口的参数

5. 设置 G120 变频器参数

G120 变频器的参数设置见表 5-12。

表 5-12 变频器参数设置

变频器参数	设 定 值	单 位	说 明
p0010	1/0	—	设置1，设置0
p0015	21	—	接口宏 21
p0304	380	V	电动机的额定电压
p0305	0.3	A	电动机的额定电流
p0307	0.37	kW	电动机的额定功率
p0310	50.00	Hz	电动机的额定频率
p0311	1430	r/min	电动机的额定转速
p2020	6	—	USS 通信比特率，6 为 9600 bit/s
p2021	2	—	USS 地址
p2022	2	—	USS 通信 PZD 长度，默认值为 2
p2023	4	—	USS 通信 PKW 长度，默认值为 127（此参数根据需要设置）
p2030	1	—	1 为 USS 通信协议
p2031	0	—	无校验
p2040	100	ms	总线监控时间

注意：

　　变频器的 USS 通信地址可以通过控制单元上的总线地址 DIP 拨码开关进行设置（见图 5-45），当总线地址 DIP 拨码开关都处在 ON 或 OFF 位置时，也可通过参数 p2021 进行设置。

　　当有多台变频器时，总线监控时间 100 ms 不够，会造成通信不能建立，可将其设置为 0，表示不监控，或设置为在有效范围内尽可能最大值。

　　6. 编写程序

　　1）循环中断程序。

　　双击项目视图项目树中"程序块"文件夹中的"添加新块"选项，在弹出的"添加新块"对话框中选中"组织块"，然后单击右侧的"Cyclic interrupt（循环中断）"。新块的"名称"、编程的"语言"、新块的"编号"、"循环时间"均采用系统默认值（当比特率为 9600 bit/s 时，最小通信间隔时间为 116.3 ms，因此循环中断组织块 OB30 的循环时间要小于此时间，本例为 100 ms），如图 5-53 所示。

　　在循环中断组织块 OB30 中编写设置通信接口参数的程序，如图 5-54 所示。

　　2）主程序。

　　在主程序 OB1 中编写变频器的正反向控制程序、变频器的起停及调速程序，如图 5-55 所示。

　　在图 5-55 中，变频器的速度给定值存储在 MD50 中，在调试程序时可以通过添加监控表，实时给定速度值。当然，也可以通过模拟电位器给定，也可能增加加减速按钮给定，需要根据项目实际要求而定。

　　若需要读写变频器中相关参数，则读写指令只能在 OB1 中编写。

图 5-53　添加循环中断组织块 OB30

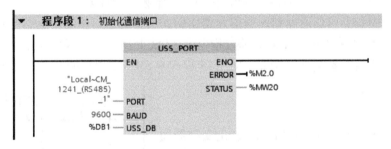

图 5-54　例 5-4 的 OB30 程序

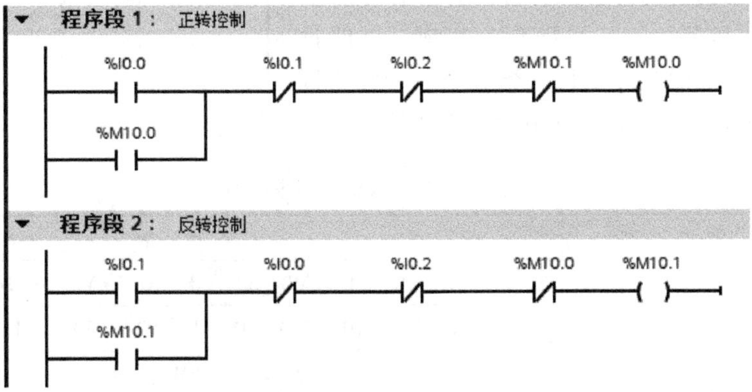

图 5-55　例 5-4 的 OB1 程序

程序段 3： 起停、换向及调速

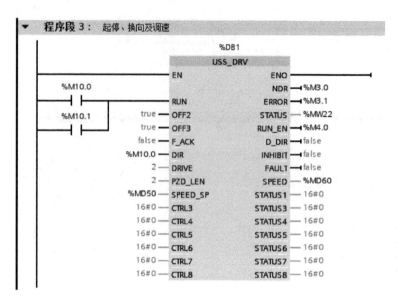

图 5-55 例 5-4 的 OB1 程序（续）

5.4.3 S7-200 SMART PLC 与 G120 变频器的 USS 通信

下面通过一个例子介绍 S7-200 SMART PLC 与 G120 变频器进行 USS 通信。

【例 5-5】用一台西门子 S7-200 SMART PLC 通过 USS 通信方式对 G120 变频器进行控制，实现对一台电动机的起停及无级调速控制。电动机的额定参数为：额定功率 0.37 kW、额定电压 380 V、额定电流 0.3 A、额定转速 1430 r/min、额定频率 50 Hz。

使用 S7-200 SMART PLC 通过 USS 通信方式对 G120 变频器进行控制，也需在 PLC 中编写相关的控制程序，S7-200 SMART PLC 中 USS 协议指令库（USS Protocol）为 USS 通信提供了所有通信指令（若编程软件中没有需要安装）。在此，先介绍 S7-200 SMART PLC 的 USS 通信相关指令。

1. USS 通信指令

（1）USS_INIT 指令

USS_INIT 指令用于启用和初始化或禁止变频器通信。在使用其他任何 USS 协议指令之前，必须执行 USS_INIT 指令且无错，可以用 SM0.1 或者信号的上升沿或下降沿调用该指令。一旦该指令完成，立即置位 "Done" 位，才能继续执行下一条指令。USS_INIT 指令的梯形图如图 5-56 所示。各指令参数见表 5-13。

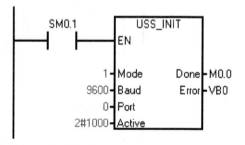

图 5-56 USS_INIT 指令的梯形图

表 5-13 USS_INIT 指令参数

输入/输出	数据类型	操 作 数
Mode、Port	Byte	IB、QB、VB、MB、SMB、SB、LB、AC、＊VD、＊LD、＊AC、常数
Baud、Active	Dword	ID、QD、VD、MD、SMD、SD、LD、AC、＊VD、＊LD、＊AC、常数
Done	Bool	I、Q、V、M、SM、S、L、T、C
Error	Byte	IB、QB、VB、MB、SMB、SB、LB、AC、＊VD、＊LD、＊AC

指令说明如下：

1）仅限为每次通信状态执行一次 USS_INIT 指令。使用边沿检测指令，以脉冲方式打开 EN 输入。要改动初始化参数，可执行一条新的 USS_INIT 指令。

2）"Mode"为输入数值选择通信协议：输入值 1 将端口分配给 USS 协议，并启用该协议；输入值 0 将端口分配给 PPI，并禁止 USS 协议。

3）"Baud"为 USS 通信比特率，此参数要和变频器的参数设置一致，比特率的允许值为 1200 bit/s、2400 bit/s、4800 bit/s、9600 bit/s、19200 bit/s、38400 bit/s、57600 bit/s 或 115200 bit/s。

4）设置物理通信端口（0 = CPU 中集成的 RS485，1 = 可选 CM01 信号板上的 RS485 或 RS232）。

5）"Done"为初始化完成标志，即当 USS_INIT 指令完成后接通。

6）"Error"为初始化错误代码。

7）"Active"表示启动变频器，表示网络上哪些 USS 从站要被主站访问，即在主站的轮询表中启动。网络上作为 USS 从站的每个变频器都有不同的 USS 协议地址，主站要访问的变频器，其地址必须在主站的轮询表中启动。USS_INIT 指令只用一个 32 位的双字来映像 USS 从站有效地址表，Active 的无符号整数值就是它在指令输入端口的取值，见表 5-14。在这个 32 位的双字中，每一位的位号表示 USS 从站的地址号；要在网络中启动某地址号的变频器，则需要把相应的位号的位置设为"1"，不需要启动的 USS 从站相应的位设置为"0"，最后对此双字取无符号整数就可以得出 Active 参数的取值。

表 5-14 中，使用站地址为 2 的 G120 变频器，则须在位号为 02 的位单元格中填入 1，其他不需要启动的地址对应的位设置为 0，取整数，计算出的 Active 值为 00000004H，即 16#00000004，也等于十进制数 4。

表 5-14　Active 参数设置示意表

位号	MSB 31	30	29		28	…	04	03	02	01	LSB 00
对应从站地址	31	30	29		28	…	04	03	02	01	00
从站启动标志	0	0	0		0	…	0	0	1	0	0
取十六进制无符号数	0				0		4				
Active =	16#00000004										

（2）USS_CTRL 指令

USS_CTRL 指令用于控制处于启动状态的变频器，每台变频器只能使用一条该指令。该指令将用户放在一个通信缓冲区内，如果数据端口 Drive 指定的变频器被 USS_INIT 指令的 Active 参数选中，则缓冲区内的命令将被发送到该变频器。USS_CTRL 指令的梯形图如图 5-57 所示，各指令参数见表 5-15。

表 5-15　USS_CTRL 指令参数

输入/输出	数据类型	操 作 数
RUN、OFF2. OFF3. F_ACK、DIR、Resp_R、Run_EN、D_Dir、Inhibit、Fault	Bool	I、Q、V、M、SM、S、L、T、C
Drive、Type	Byte	IB、QB、VB、MB、SMB、SB、LB、AC、*VD、*LD、*AC、常数

（续）

输入/输出	数据类型	操作数
Error	Byte	IB、QB、VB、MB、SMB、SB、LB、AC、＊VD、＊LD、＊AC、常数
Status	Word	IW、QW、VW、MW、SMW、SW、LW、AC、T、C、AQW、＊VD、＊LD、＊AC
Speed_SP	Real	ID、QD、VD、MD、SMD、SD、LD、AC、＊VD、＊LD、＊AC、常数
Speed	Real	IB、QB、VB、MB、SMB、SB、LB、AC、＊VD、＊LD、＊AC

指令说明如下：

1) USS_CTRL 指令用于控制 Active（启动）变频器。USS_CTRL 指令将选择的命令放在通信缓冲区中，然后送至编址的变频器 Drive（变频器地址）参数，条件是已在 USS_INIT 指令的 Active（启动）参数中选择该变频器。

2) 仅限为每台变频器指定一条 USS_CTRL 指令。

3) 某些变频器仅将速度作为正值报告。如果速度为负值，变频器将速度作为正值报告，但逆转 D_Dir（方向）位。

4) EN 位必须为 ON，才能启用 USS_CTRL 指令。该指令应当始终启用（可使用 SM0.0）。

5) RUN 表示变频器是 ON 还是 OFF。当 RUN（运行）位为 ON 时，变频器收到一条命令，按指定的速度和方向开始运行。为了使变频器运行，必须满足以下条件：

① Drive（变频器地址）在 USS_CTRL 中必须被选为 Active（启动）。

② OFF2 和 OFF3 必须被设为 0。

③ Fault（故障）和 Inhibit（禁止）必须为 0。

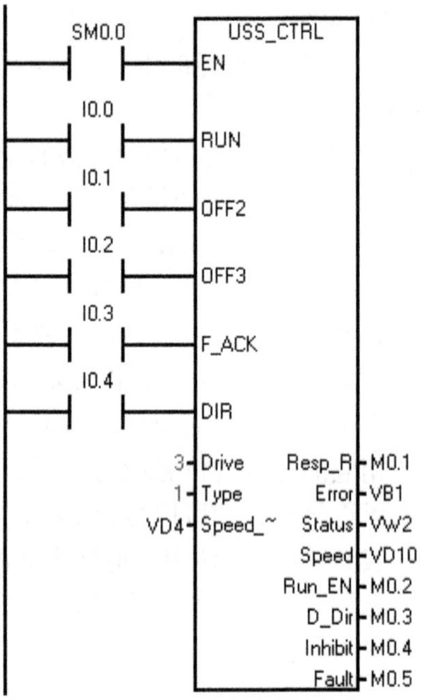

图 5-57 USS_CTRL 指令

6) 当 RUN 为 OFF 时，会向变频器发出一条命令，将速度降低，直至电动机停止。OFF2 位用于允许变频器自由降速至停止。OFF3 用于命令变频器迅速停止。

7) Resp_R（收到应答）位确认从变频器收到应答。对所有的启动变频器进行轮询，查找最新变频器状态信息。每次 S7-200 SMART 从变频器收到应答时，Resp_R 位均会打开，进行一次扫描，所有数值均被更新。

8) F_ACK（故障确认）位用于确认变频器中的故障。当从 0 变为 1 时，变频器清除故障。

9) DIR（方向）位（"0/1"）用来控制电动机转动方向。

10) Drive（变频器地址）输入的是 MicroMaster 变频器的地址，向该地址发送 USS_CTRL 命令，有效地址为 0~31。

11) Type（变频器类型）输入选择变频器类型。将 MicroMaster3（或更早版本）变频器的类型设为 0，将 MicroMaster 4 或 SINAMICS G110、G120 变频器的类型设为 1。

12) Speed_SP（速度设定值）必须是一个实数，给出的数值是变频器的频率范围百分比还是绝对的频率值取决于变频器中的参数设置（如 G120 的 p2009）。如为全速的百分比，则范围为-200.0%~200.0%，Speed_SP 的负值会使变频器反向旋转。

13) Fault 表示故障位的状态（0=无错误，1=有错误），变频器显示故障代码（有关变频器信息，请参阅用户手册）。要清除故障位，需纠正引起故障的原因，并接通 F_ACK 位。

14）Inhibit 表示变频器上的禁止位状态（0＝不禁止，1＝禁止）。要清除禁止位，Fault 位必须为 OFF，RUN、OFF2 和 OFF3 输入也必须为 OFF。

15）D_Dir（运行方向回馈）表示变频器的旋转方向。

16）Run_EN（运行模式回馈）表示变频器是在运行（1）还是停止（0）。

17）Speed（速度回馈）是变频器返回的实际运转速度值。若以全速百分比表示的变频器速度，其范围为-200.0%～200.0%。

18）Status 是变频器返回的状态字原始数值，MicroMaster 4 的标准状态字各数据位的含义如图 5-58 所示。

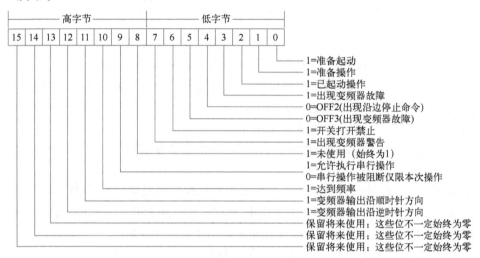

图 5-58　MicroMaster 4 的标准状态字各数据位的含义

19）Error 是一个包含对变频器最新通信请求结果的错误字节。USS 指令执行错误主要定义了可能因执行指令而导致的错误条件。

20）Resp_R（收到的响应）位确认来自变频器的响应。对所有的启动变频器都要轮询最新的变频器状态信息。每次 S7-200 SMART PLC 接收到来自变频器的响应时，Resp_R 位就会接通一次扫描并更新一次所有相应的值。

（3）USS_RPM 指令

USS_RPM 指令用于读取变频器的参数，USS 协议有 3 条读指令。

1）USS_RPM_W 指令读取一个无符号字类型的参数。

2）USS_RPM_D 指令读取一个无符号双字类型的参数。

3）USS_RPM_R 指令读取一个浮点数类型的参数。

同时只能有一个读（USS_RPM）或写（USS_WPM）变频器参数的指令启动。当变频器确认接收命令或返回一条错误信息时，就完成了对 USS_RPM 指令的处理，在进行这一处理并等待响应到来时，逻辑扫描继续进行。在此，以 USS_RPM_R 指令为例，其梯形图如图 5-59 所示，各指令参数见表 5-16。

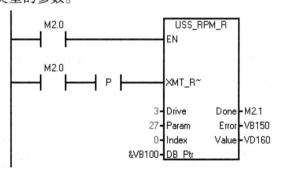

图 5-59　USS_RPM_R 指令梯形图

表 5-16 USS_RPM_R 指令参数

输入/输出	数据类型	操 作 数
XMT_REQ	Bool	I、Q、V、M、SM、S、L、T、C、上升沿有效
Drive	Byte	IB、QB、VB、MB、SMB、SB、LB、AC、*VD、*LD、*AC、常数
Param、Index	Word	IW、QW、VW、MW、SMW、SW、LW、AC、T、C、AIW、*VD、*LD、*AC、常数
DB_Ptr	Dword	&VB
Value	Word、Dword、Real	IW、QW、VW、MW、SMW、SW、LW、AC、T、C、AQW、ID、QD、VD、MD、SMD、SD、LD、*VD、*LD、*AC
Done	Bool	I、Q、V、M、SM、S、L、T、C
Error	Real	IB、QB、VB、MB、SMB、SB、LB、AC、*VD、*LD、*AC

指令说明如下：

1) 一次仅限启用一条读取 (USS_RPM) 或写入 (USS_WPM) 指令。

2) EN 位必须为 ON，才能启用请求传送，并应当保持 ON，直到设置"完成"位，表示进程完成。例如，当 XMT_REQ 位为 ON，在每次扫描时向变频器传送一条 USS_RPM 请求。因此，XMT_REQ 输入应当通过一个脉冲方式打开。

3) "Drive"输入的是变频器的地址，USS_RPM 指令被发送至该地址。单台变频器的有效地址是 0~31。

4) "Param"是参数号码。"Index"是需要读取参数的索引值（即参数下标，若无下标则为 0）。"Value"是返回的参数值。必须向 DB_Ptr 输入提供 16B 的缓冲区地址。该缓冲区被 USS_RPM 指令使用且存储向 MicroMaster 变频器发出的命令的结果。

5) 当 USS_RPM 指令完成时，"Done"输出为 ON，"Error"输出字节，"Value"输出包含执行指令的结果。"Error"和"Value"输出在"Done"输出打开之前无效。

例如，图 5-59 所示程序段为读取电动机的电流值（参数 r0027，输出电流实际值），由于此参数是一个实数，而参数读/写指令必须与参数的类型配合，因此选用实数型参数读功能块。

(4) USS_WPM 指令

USS_WPM 指令用于写变频器的参数，USS 协议有 3 条写入指令。

1) USS_WPM_W 指令写入一个无符号字类型的参数。

2) USS_WPM_D 指令写入一个无符号双字类型的参数。

3) USS_WPM_R 指令写入一个浮点数类型的参数。

在此，USS_WPM_R 指令梯形图如图 5-60 所示，各指令参数见表 5-17。

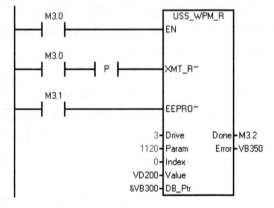

图 5-60 USS_WPM_R 指令梯形图

表 5-17 USS_WPM_R 指令参数

输入/输出	数据类型	操 作 数
XMT_REQ	Bool	I、Q、V、M、SM、S、L、T、C、上升沿有效
Drive	Byte	IB、QB、VB、MB、SMB、SB、LB、AC、*VD、*LD、*AC、常数

（续）

输入/输出	数据类型	操　作　数
Param、Index	Word	IW、QW、VW、MW、SMW、SW、LW、AC、T、C、AIW、＊VD、＊LD、＊AC、常数
DB_Ptr	Dword	&VB
Value	Word、Dword、Real	IW、QW、VW、MW、SMW、SW、LW、AC、T、C、AQW、ID、QD、VD、MD、SMD、SD、LD、＊VD、＊LD、＊AC
EEPROM	Bool	I、Q、V、M、SM、S、L、T、C
Done	Bool	I、Q、V、M、SM、S、L、T、C
Error	Real	IB、QB、VB、MB、SMB、SB、LB、AC、＊VD、＊LD、＊AC

指令说明如下：

1）一次仅限启动一条写入（USS_WPM）指令。

2）当变频器确认收到命令或发送一个错误条件时，USS_WPM 事项完成。当该进程等待应答时，逻辑扫描继续执行。

3）EN 位必须为 ON，才能启用请求传送，并应当保持打开，直到设置"Done"位，表示进程完成。例如，当 XMT_REQ 位为 ON，在每次扫描时向变频器传送一条 USS_WPM 请求。因此，XMT_REQ 输入应当通过一个脉冲方式打开。

4）当变频器打开时，EEPROM 输入启用对变频器的 RAM 和 EEPROM 的写入；当变频器关闭时，仅启用对 RAM 的写入。

5）其他参数的含义及使用方法，请参考 USS_RPM 指令。

使用时请注意：在任一时刻 USS 主站内只能有一个参数读写功能块有效，否则会出错。因此如果需要读写多个参数（来自一个或多个变频器），则必须在编程时进行读/写指令之间的轮替处理。

使用 USS_RPM_D 指令读取 U32（无符号 32 位）类型参数时，需要将返回的参数值进行转换才能得出正确的数值（读出的数据是十六进制，而实际数据是浮点数），如通过该指令读取的参数 p0730＝16#0034FC03，转换后应该是 52.3。

从 16#0034FC03 到 52.3 的转换说明：

当使用读写参数指令时，类似于 p0730＝52.3 这样的 BICO 连接参数，需要如下转换：高字，0034（十六进制）＝52（十进制）；低字中的高字节，对于 CU240B/E-2，规定为 FC（十六进制）；低字中的低字节，03（十六进制）＝3（十进制）。因此，16#0034FC03＝52.3。使用 USS_WPM_D 指令写入 U32（无符号 32 位）类型参数时，需要将要写入的值进行转换，转换方法同上。如将值 52.12 写入到参数 p0731 中，则"Value"端存储器中的数值应该为 0034FC0C（十六进制）。

2. 软硬件配置

1）1 套 STEP 7-MicroWIN SMART 软件。

2）1 台 S7-200 SMART PLC。

3）1 台 G120 变频器控制单元为 CU 240E-2。

4）1 根屏蔽双绞线。

5）1 台电动机。

6）1 台装有上述编程软件的计算机。

3. 硬件连接

S7-200 SMART PLC 与 G120 之间通过只有一端带有连接器头的双绞线电缆相连接，如图 5-61 所示。

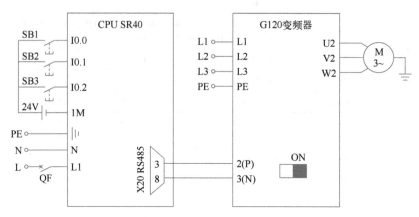

图 5-61　S7-200 SMART PLC 与 G120 连接示意图

图 5-61 中，按钮 SB1 为起动按钮，按钮 SB2 为停止按钮，按钮 SB3 为迅速停止运行按钮。

4. 创建项目并更改设备类型

1）创建项目。

打开 STEP 7-MicroWIN SMART 软件，新建一个项目，名称为 200 SMART_G120_USS，并打开其项目视图。

2）更改设备类型。

新建项目的 PLC 类型一般是 CPU ST40 型号，在此更改为 CPU SR40（用户根据所使用的 CPU 类型进行更改）。

方法：右击编程软件窗口项目树中的"系统块"图标▣，弹出"系统块"对话框，在其中更改 CPU 的类型，同时记住 RS485 端口的地址和通信比特率，如图 5-62 所示，系统默认地址为 2，比特率为 9.6 kbit/s，单击"确定"按钮确认。

5. 编写程序

双击编程窗口项目树中"程序块"文件夹中的"MAIN（OB1）"选项，在打开的编程窗口中编写如图 5-63 所示的程序。

在程序段 3 中，M2.1、M2.2、M2.3 为位信号，VD4 为变频器运行速度的设定值，用户可根据需要进行相关控制程序的编写。

6. 分配库存储器，编译，下载

在编译程序之前，选择"程序块"→"库"，右键单击选择"库存储器…"命令。在弹出的对话框中单击"建议地址"（或手动输出某个地址）按钮，选择 V 存储器的地址后单击"确定"按钮，如图 5-64 所示。

在使用建议地址时，请保证所分配的地址区间不会与用户程序中的地址冲突。

分配库存储器之后，再编译、保存和下载（若没有分配库存储器地址，在编译时将在输出窗口提示用户进行库存储器地址分配）。

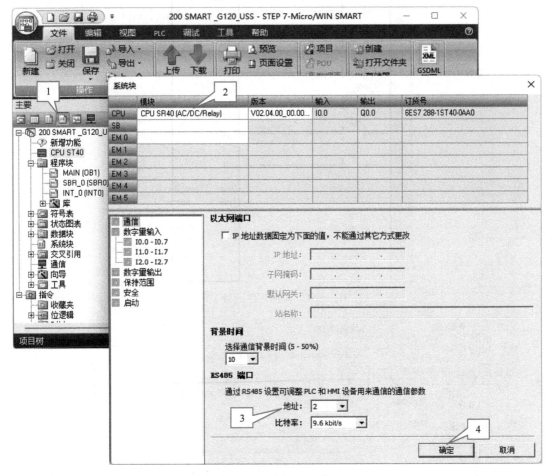

图 5-62　更改 CPU 类型

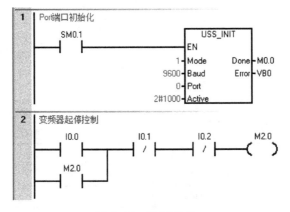

图 5-63　控制程序

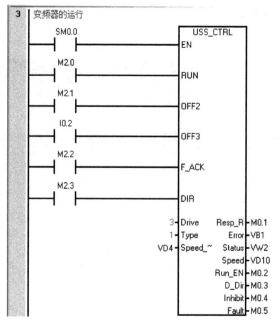

图 5-63　控制程序（续）

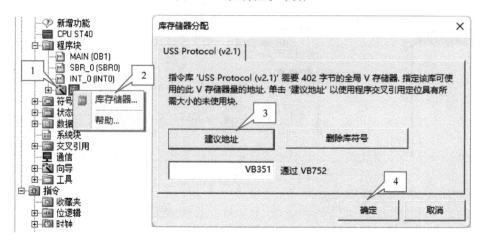

图 5-64　库存储器地址分配

7. 设置 G120 变频器参数

G120 变频器的参数设置见表 5-18。

表 5-18　变频器参数设置

变频器参数	设 定 值	单　位	说　明
p0010	1/0	—	设置 1，设置 0
p0015	21	—	接口宏 21
p0304	380	V	电动机的额定电压
p0305	0.3	A	电动机的额定电流
p0307	0.37	kW	电动机的额定功率
p0310	50.00	Hz	电动机的额定频率

（续）

变频器参数	设 定 值	单 位	说　明
p0311	1430	r/min	电动机的额定转速
p2020	6	—	USS 通信比特率，6 为 9600 bit/s
p2021	3	—	USS 地址（若通过变频器面板上的 DIP 拨码开关进行设置，此参数可省略）
p2030	1	—	1 为 USS 通信协议
p2040	0	ms	总线监控时间，设置为 0 表示不监控

 注意：

变频器的 USS 通信地址可以通过控制单元上的总线地址 DIP 拨码开关进行设置（见图 5-45），当总线地址 DIP 拨码开关都处在 ON 或 OFF 位置时，也可通过参数 p2021 进行设置。

码 5-5　S7-200 SMART PLC 与 G120 变频器 USS 通信

5.5　Modbus 网络通信

5.5.1　Modbus 通信简介

1. Modbus 协议介绍

Modbus 是 MODICON 公司于 1979 年开发的一种通信协议，是一种工业现场总线协议标准。

Modbus 协议是一项应用层报文传输协议，包括 Modbus ASCII、Modbus RTU 和 Modbus TCP 3 种报文类型。

标准的 Modbus 协议物理层接口有 RS232、RS422、RS485 和以太网口。Modbus 串行通信采用 Master/Slave（主/从）方式通信，是请求/应答机制的通信协议。

2. Modbus RTU 的报文格式

Modbus 在串行通信时，比较常用 Modbus RTU，它采用循环冗余校验（CRC）来保证报文的正确性。两条报文之间至少有 3.5 个字符传输时间的空闲间隔。

Modbus RTU 报文格式如图 5-65 所示，包括 1 个起始位、8 位数据位、1 个校验位和 1 个停止位。

开始/暂停	应用数据单元					结束/暂停
	从站地址	协议数据单元			CRC	
		功能代码	数　据			
大于或等于3.5个字符运行时间	1B	1B	0 … 255B		2B	大于或等于3.5个字符运行时间
					CRC低位　CRC高位	

图 5-65　Modbus RTU 的报文格式

其报文格式如图 5-64 所示。Modbus RTU 的报文包括 1 个起始位、8 个数据位、1 个校验位和 1 个停止位。

3. Modbus 的功能码

SINAMICS G120 变频器目前支持的功能码为 FC03（读单个或多个寄存器）和 FC06（写单

个寄存器）。

FC03 的报文格式见表 5-19。

表 5-19 FC03 的报文格式

字节 1	字节 2	字节 3	字节 4	字节 5	字节 6	字节 7	字节 8
地址	FC (0x03)	起始地址（高字节）	起始地址（低字节）	寄存器值（高字节）	寄存器值（低字节）	CRC	CRC

FC06 的报文格式见表 5-20。

表 5-20 FC06 的报文格式

字节 1	字节 2	字节 3	字节 4	字节 5	字节 6	字节 7	字节 8
地址	FC (0x06)	起始地址（高字节）	起始地址（低字节）	新寄存器值（高字节）	新寄存器值（低字节）	CRC	CRC

4. Modbus 的地址（寄存器）

Modbus 地址通常是包含数据类型和偏移量的 5 个字符值。第一个字符确定数据类型，后面 4 个字符选择数据类型内的正确数值。PLC 等对 G120/S120 变频器的访问是通过访问相应的寄存器（地址）实现的。这些寄存器是变频器厂家依据 Modbus 定义的。如寄存器 40345 代表 G120 变频器的实际电流值。G120 变频器常用的寄存器（地址）见表 5-21。

表 5-21 G120 变频器常用的寄存器（地址）及相应的参数

Modbus 寄存器号	描述	Modbus 访问	单位	定标系数	ON/OFF 或数值域		数据/参数
过程数据							
控制数据							
40100	控制字	R/W	—	1			过程数据 1
40101	主设定值	R/W	—	1			过程数据 2
状态数据							
40110	状态字	R	—	1			过程数据 1
40111	主实际值	R	—	1			过程数据 2
参数数据							
数字量输出端							
40200	DO 0	R/W	—	1	高	低	p0730、r747.0、p748.0
40201	DO 1	R/W	—	1	高	低	p0731、r747.1、p748.1
40202	DO 2	R/W	—	1	高	低	p0732、r747.2、p748.2
模拟量输出							
40220	AO 0	R	%	100	−100.0~100.0		r0774.0
40221	AO 1	R	%	100	−100.0~100.0		r0774.1
数字量输入							
40240	DI 0	R	—	1	高	低	r0722.0
40241	DI 1	R	—	1	高	低	r0722.1
40242	DI 2	R	—	1	高	低	r0722.2

（续）

Modbus 寄存器号	描述	Modbus 访问	单位	定标 系数	ON/OFF 或 数值域		数据/参数
40243	DI 3	R	—	1	高	低	r0722. 3
40244	DI 4	R	—	1	高	低	r0722. 4
40245	DI 5	R	—	1	高	低	r0722. 5
模拟量输入							
40260	AI 0	R	%	100	−300. 0~300. 0		r0755[0]
40261	AI 1	R	%	100	−300. 0~300. 0		r0755[1]
40262	AI 2	R	%	100	−300. 0~300. 0		r0755[2]
40263	AI 3	R	%	100	−300. 0~300. 0		r0755[3]
变频器检测							
40300	功率栈编号	R	—	1	0~32767		r0200
40301	变频器的固件	R	—	0. 0001	0~327. 67		r0018
变频器数据							
40320	功率模块的额定功率	R	kW	100	0~327. 67		r0206
40321	电流极限	R/W	%	10	10. 0~400. 0		p0640
40322	加速时间	R/W	s	100	0. 00~650. 0		p1120
40323	减速时间	R/W	s	100	0. 00~650. 0		p1121
40324	基准转速	R/W	RPM	1	6. 000~32676		p2000
变频器诊断							
40340	转速设定值	R	RPM	1	−16250~16250		r0020
40341	转速实际值	R	RPM	1	−16250~16250		r0022
40342	输出频率	R	Hz	100	−327. 68~32767		r0024
40343	输出电压	R	V	1	0~32767		r0025
40344	直流母线电压	R	V	1	0~32767		r0026
40345	电流实际值	R	A	100	0~163. 83		r0027
40346	转矩实际值	R	Nm	100	−325. 00~325. 00		r0031
40347	有功功率实际值	R	kW	100	0~327. 67		r0032
40348	能耗	R	kW · h	1	0~32767		r0039
40349	控制权	R	—	1	手动	自动	r0807
故障诊断							
40400	故障号，下标 0	R	—	1	0~32767		r0947[0]
40401	故障号，下标 1	R	—	1	0~32767		r0947[1]
40402	故障号，下标 2	R	—	1	0~32767		r0947[2]
40403	故障号，下标 3	R	—	1	0~32767		r0947[3]
40404	故障号，下标 4	R	—	1	0~32767		r0947[4]
40405	故障号，下标 5	R	—	1	0~32767		r0947[5]
40406	故障号，下标 6	R	—	1	0~32767		r0947[6]
40407	故障号，下标 7	R	—	1	0~32767		r0947[7]
40408	报警号	R	—	1	0~32767		r2110[0]
40409	PRM ERROR 代码	R	—	1	0~99		—

（续）

Modbus 寄存器号	描述	Modbus 访问	单位	定标系数	ON/OFF 或 数值域	数据/参数
工艺控制器						
40500	工艺控制器使能	R/W	—	1	0~1	p2200、r2349.0
40501	工艺控制器 MOP	R/W	%	100	−200.0~200.0	p2240
调整工艺控制器						
40510	工艺控制器的实际值 滤波器时间常数	R/W	—	100	0.00~60.0	p2265
40511	工艺控制器实际值的比例系统	R/W	%	100	0.00~500.00	p2269
40512	工艺控制器的比例增益	R/W	—	100	0.000~65.000	p2280
40513	工艺控制器的积分作用时间	R/W	s	1	0~60	p2285
40514	工艺控制器差分分量的时间常数	R/W	—	1	0~60	p2274
40515	工艺控制器的最大极限值	R/W	%	100	−200.0~200.0	p2291
40516	工艺控制器的最小极限值	R/W	%	100	−200.0~200.0	p2292
PID 诊断						
40520	有效设定值，在斜坡函数 发生器的内部工艺 控制器 MOP 之后					
40521	工艺控制器实际值， 在滤波器之后					
40522	工艺控制器的输出信号					

表 5-21 中 "Modbus 访问" 列中的 "R" "W" "R/W" 分别表示 "只读" "可写" "可读/写"。"定标系数" 为读取或写入寄存器值与实际值的比例，如读取寄存器 40345 的值为 1150，实际电流为 $\frac{1150}{100}$ A = 11.5 A。

5.5.2　S7-1200 PLC 与 G120 变频器的 Modbus 通信

S7-1200 PLC 的 Modbus 通信需要配置串行通信模块，如 CM 1241（RS485）、CM 1241（RS422/RS485）和 CB 1241（RS485）板。一个 S7-1200 CPU 中最多可以安装 3 个 CM 1241 或 RS422/RS485 模块和一个 CB 1241（RS485）板。

S7-1200 CPU（V4.1 及以上版本）扩展了 Modbus 的功能，可以使用 PROFINET 或 PROFIBUS 分布式 I/O 机架上的串行通信模块与设备进行 Modbus 通信。

下面以例 5-6 为例介绍 S7-1200 PLC 与 G120 变频器的 Modbus 通信实施过程。

【例 5-6】用一台西门子 S7-1200 PLC 通过 Modbus 通信方式对 G120 变频器进行控制，实现对一台变频器所驱动的电动机控制（包括起停、正反转控制、转速给定等）。电动机的额定参数：额定功率 0.37 kW、额定电压 380 V、额定电流 0.3 A、额定转速 1430 r/min、额定频率 50 Hz。

1. 软硬件配置

1）1 套 TIA Portal V16 和 Startdrive V16 软件。

2）1 台 G120 变频器控制单元为 CU 240E-2。

3）1 台 CPU 1214C 和 CM1241（RS422/RS485）或 CM1241（RS485）。

4）1 根屏蔽双绞线。

5）1 台电动机。

6）1 台装有上述两软件的计算机。

2. 硬件连接

S7-1200 PLC 的 CM 1241 与 G120 之间通过只有一端带有连接器头的双绞线电缆相连接，如图 5-66 所示。

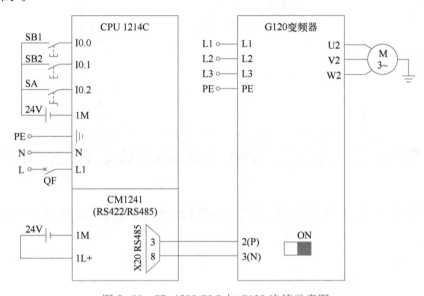

图 5-66　S7-1200 PLC 与 G120 连接示意图

图 5-66 中，按钮 SB1 为起动按钮，按钮 SB2 为停止按钮，开关 SA 为正反转切换开关。

3. 硬件组态

1）创建项目。

打开 TIA Portal V16 软件，新建一个项目，名称为 1200_G120_Modbus，并打开其项目视图。

2）添加新设备。

添加 CPU：在打开的项目视图中，双击项目树中的"添加新设备"，添加 S7-1200 PLC，在此选择 CPU 1214C（AC/DC/Rly）。

添加通信模块：在项目树的设备名称"PLC_1"文件夹中，选择"设备组态"→"设备视图"，在项目视图右侧的"硬件目录"中，打开"通信模块"文件夹，按住 CM1241（RS422/RS485）将其拖动到 CPU 1214C 左侧的 101 号槽上（请读者根据实际使用的订货号选用），如图 5-67 所示。

3）配置 CM1241（RS422/485）串口。

选中通信模块 CM1241 下方的 RS422/RS485 串口，在打开的巡视窗口中单击"属性"→"常规"→"端口组态"选项，在此巡视窗口中可以根据实际情况进行"端口组态"参数的设置，本例采用系统默认设置，如图 5-68 所示。

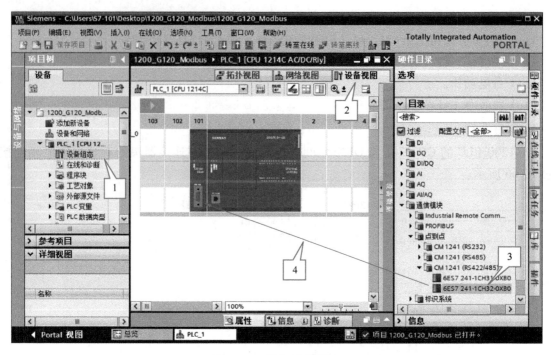

图 5-67　添加通信模块

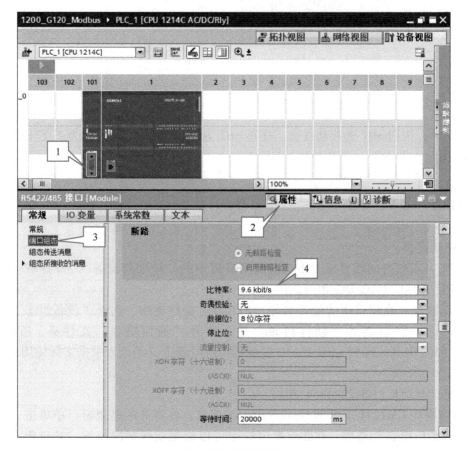

图 5-68　端口组态

硬件组态完成后分别单击项目视图工具栏上的"编译"按钮🛠和"保存项目"按钮💾，对硬件组态的内容进行编译和保存。

4. 设置 G120 变频器参数

G120 变频器的参数设置见表 5-22。

表 5-22　变频器参数设置

变频器参数	设 定 值	单 位	说 明
p0010	1/0	—	设置 1，设置 0
p0015	21	—	接口宏 21（Modbus 通信也是接口宏 21）
p0304	380	V	电动机的额定电压
p0305	0.3	A	电动机的额定电流
p0307	0.37	kW	电动机的额定功率
p0310	50.00	Hz	电动机的额定频率
p0311	1430	r/min	电动机的额定转速
p2020	6	—	Modbus 通信比特率，6 为 9600 bit/s
p2021	2	—	Modbus 地址
p2022	2	—	Modbus 通信 PZD 长度，默认值为 2
p2030	2	—	2 为 Modbus 通信协议
p2031	0	—	无校验（1 为奇校验，2 为偶校验）
p2040	1000	ms	总线监控时间（可以设置此值的上限值，或设置为 0 不监控）

注意：

变频器的 Modbus 通信地址可以通过控制单元上的总线地址 DIP 拨码开关进行设置（见图 5-45），当总线地址 DIP 拨码开关都处在 ON 或 OFF 位置时，也可通过参数 p2021 进行设置。

5. 通信指令

（1）MB_COMM_LOAD

在 TIA Portal V16 软件的主程序 OB1 窗口中，在右边的指令选项卡中选择"通信"→"通信处理器"→"MODBUS"，添加 MB_COMM_LOAD 和 MB_MASTER 指令，在添加这两条指令时自动产生两个背景数据块，单击"确定"按钮便可。

MB_COMM_LOAD 指令如图 5-69 所示。

指令说明如下：

1）REQ：上升执行指令。

2）PORT：硬件标识符。

3）BAUD：比特率选择。

4）PARITY：奇偶校验选择，0 代表无，1 代表奇校验，2 代表偶检验。

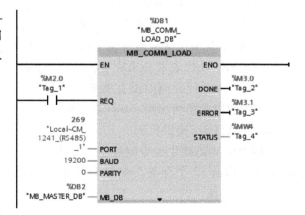

图 5-69　MB_COMM_LOAD 指令

5) MB_DB：MB_MASTER 或 MB_SLAVE 指令的背景数据块的引用。

6) DONE：指令的执行已完成，且无错。

7) ERROR：是否出错，0 代表无错误，1 代表有错误，在 STATUS 中输出错误代码。

8) STATUS：错误代码。

使用 MB_COMM_LOAD 指令时注意：

1) 比特率和奇偶校验必须与变频器和串行通信模块硬件组态一致。

2) 通常运行一次即可，但比特率等修改后，需要再次运行。当 PROFINET 或 PROFIBUS 分布式 I/O 机架上的串行通信模块与设备进行 MODBUS 通信时，需要循环调用此指令。

（2）MB_MASTER

MB_MASTER 指令如图 5-70 所示。

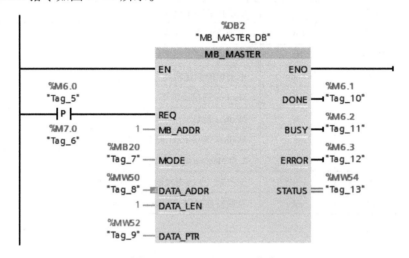

图 5-70　MB_MASTER 指令

指令说明如下：

1) REQ：请求输入，0 代表无请求，1 代表请求将数据发送到从站。

2) MB_ADDR：Modbus 站地址。

3) MODE：模式选择，指定请求类型，0 代表读取，1 代表写入（具体见相关手册或系统帮助信息）。

4) DATA_ADDR：从站中数据的寄存器地址。

5) DATA_LEN：数据长度。如果是写入模式，数据长度只能设置为 1。

6) DATA_PTR：从站寄存器对应的读取到的数据或向其写入的数据。

7) DONE：0 代表事务未完成，1 代表事务完成且无任何错误。

8) BUSY：0 代表当前没有事务在处理中，1 代表事务正在处理中。

9) ERROR：是否出错，0 代表无错误，1 代表有错误，在 STATUS 中输出错误代码。

10) STATUS：错误代码。

使用 MB_MASTER 指令时注意：Modbus 寻址支持最多 247 个从站（1~247）。每个 Modbus 网段最多可以有 32 个设备，多于 32 个设备时需要添加中继器。

6. 编写程序

根据控制要求，本例控制程序如图 5-71 所示。

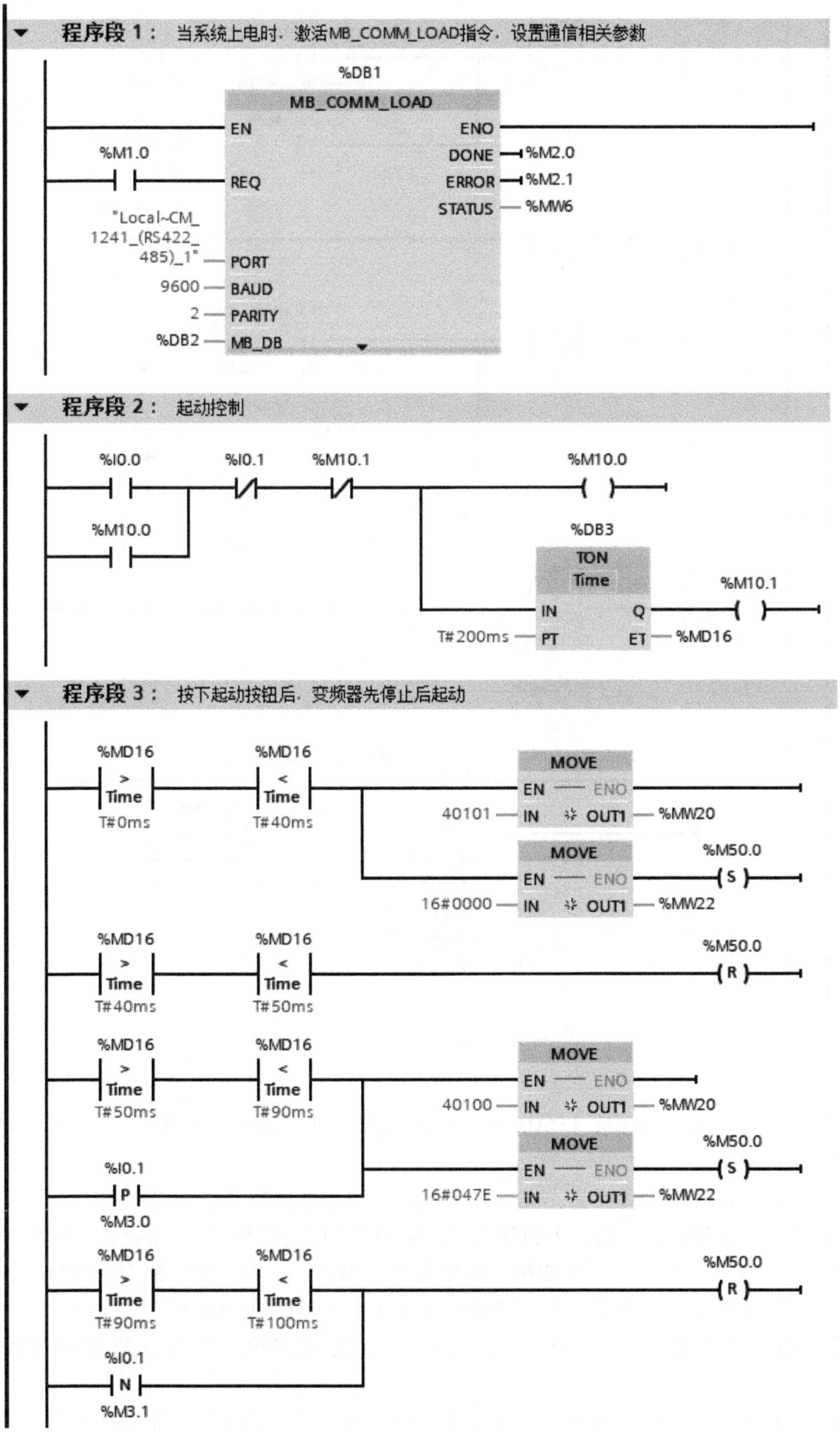

▼　程序段 1：　当系统上电时，激活MB_COMM_LOAD指令，设置通信相关参数

%DB1

MB_COMM_LOAD

EN	ENO
REQ	DONE ── %M2.0
	ERROR ── %M2.1
	STATUS ── %MW6

%M1.0 ── REQ

"Local~CM_1241_(RS422_485)_1" ── PORT
9600 ── BAUD
2 ── PARITY
%DB2 ── MB_DB

▼　程序段 2：　起动控制

```
%I0.0        %I0.1      %M10.1                              %M10.0
─┤ ├─┬───────┤/├────────┤/├──┬──────────────────────────────( )─
%M10.0 │                      │
─┤ ├───┘                      │              %DB3
                              │              TON
                              │              Time                %M10.1
                              └───────────────IN      Q──────────( )─
                                    T#200ms ──PT     ET── %MD16
```

▼　程序段 3：　按下起动按钮后，变频器先停止后起动

```
%MD16      %MD16                  MOVE
  >          <                 EN ── ENO
 Time      Time          40101 ──IN  ※ OUT1── %MW20
 T#0ms     T#40ms
                                    MOVE              %M50.0
                                 EN ── ENO            ─( S )─
                          16#0000 ──IN ※ OUT1── %MW22

%MD16      %MD16                                     %M50.0
  >          <                                       ─( R )─
 Time      Time
 T#40ms    T#50ms

%MD16      %MD16                  MOVE
  >          <                 EN ── ENO
 Time      Time          40100 ──IN  ※ OUT1── %MW20
 T#50ms    T#90ms
                                    MOVE              %M50.0
%I0.1                            EN ── ENO            ─( S )─
 ─┤P├─                    16#047E ──IN ※ OUT1── %MW22
%M3.0

%MD16      %MD16                                     %M50.0
  >          <                                       ─( R )─
 Time      Time
 T#90ms    T#100ms
%I0.1
 ─┤N├─
%M3.1
```

图 5-71　例 5-6 控制程序

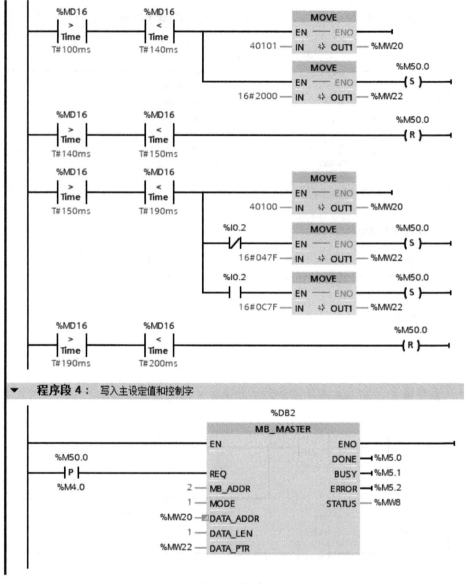

图 5-71　例 5-6 控制程序（续）

程序解释：

程序段 1：因为 MB_COMM_LOAD 指令只需执行一次，因此，在此启用系统存储器字节 MB1，M1.0 位为首次扫描位。

程序段 2：变频器的起动控制，按下起动按钮，变频器的起动过程设为 200 ms。

程序段 3：当变频器起动时，先将速度值 16#0000 写入到变频器的寄存器 40101 中，然后再将控制字 16#047E（停止）写入变频器的寄存器 40100 中，再将速度值 16#2000 写入到变频器的寄存器 40101 中，然后再将控制字 16#047F（正向起动）或 16#0C7F（反向起动）写入变频器的寄存器 40100 中。在执行每次写入操作时，先将 M50.0 置位，待数据写入后再将 M50.0 复位。

运行中若按下停止按钮，仅需将控制字 16#047E 写入变频器的寄存器 40100 中便可。

程序段 4：将数据写入到变频器的相应寄存器中。

本例中变频器在运行过程中，若切换电动机旋转方向开关 I0.2 无效，只有在变频器停止运行后，重新按下起动按钮才生效。

码 5-6　S7-1200 PLC 与 G120 变频器 Modbus 通信

 注意：

　　有时候当变频器已处于停止状态，直接按下起动按钮，变频器并未起动运行，这时最好先按下停止按钮再按下起动按钮。为了避免上述现象，应像例 5-6 中程序一样，要使变频器起动，必须先发送停止信号，无论变频器是否处于停止状态。

5.5.3　S7-200 SMART PLC 与 G120 变频器的 Modbus 通信

本节介绍 S7-200 SMART PLC 与 G120 变频器之间的 Modbus 通信，它们通过 MODBUS RTU 协议通信，实现 PLC 对 G120 变频器的周期性监控。S7-200 SMART PLC 端口通过 RS485 通信电缆与 G120 变频器的通信端子连接。

下面以例 5-7 为例介绍 S7-200 SMART PLC 与 G120 变频器的 Modbus 通信实施过程。

【例 5-7】用一台西门子 S7-200 SMART PLC 通过 Modbus 通信方式对 G120 变频器进行控制，实现对一台变频器所驱动的电动机控制（包括起停、转速给定、上升和下降时间的读写等）。电动机的额定参数：额定功率 0.37 kW、额定电压 380 V、额定电流 0.3 A、额定转速 1430 r/min、额定频率 50 Hz。

1. 通信指令

使用 STEP 7-MicroWIN SMART 软件新建 Modbus 通信项目时，Modbus 通信协议库一般都已随编程软件一起安装完成（见图 5-72），若指令库中没有 Modbus 通信协议库则必须先安装。

（1）MBUS_CTRL

将 Modbus 通信协议库中的指令 MBUS_CTRL 拖动到程序段中，如图 5-73 所示。MBUS_CTRL 指令用来初始化、监控或禁用 Modbus 通信，该指令在每个扫描周期都必须调用，否则 Modbus 主站协议将不能正常工作。

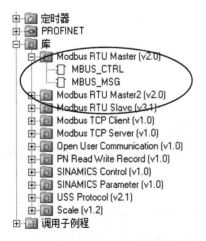

图 5-72　Modbus 通信协议库

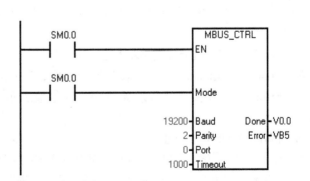

图 5-73　MBUS_CTRL 指令

指令说明如下：

1）EN：指令使能。

2）Mode：通信协议选择，0 代表 PPI 通信，1 代表 Modbus 通信。

3）Baud：通信比特率，支持的比特率有 1200 bit/s、2400 bit/s、4800 bit/s、9600 bit/s、19200 bit/s、38400 bit/s、57600 bit/s 和 115200 bit/s。

4）Parity：字符校验，0 代表无校验，1 代表奇校验，2 代表偶校验。

5）Port：端口号，0 代表 CPU 中集成的 RS485，1 代表可选 CM 01 信号板上的 RS485 或 RS232。

6）Timeout：超时（单位：ms），从站响应时间，超时值可以设置为 1~32767 ms 之间的任何值。典型值是 1000 ms（1 s）。"超时" 参数应设置得足够大，以便从站设备有时间在所选的比特率下做出响应。若在该时间内没有收到从站的响应报文，则 MBUS_MSG 指令可能报错误代码 3 或 7。

7）Done：完成标志位，0 代表执行未完成，1 代表执行完成。

8）Error：错误代码，0 代表无错误，1 代表奇偶校验错误，2 代表比特率错误，3 代表超时错误，4 代表模式选择错误，9 代表端口号错误，10 代表信号板端口 1 缺失或未组态。

（2）MBUS_MSG

将 Modbus 通信协议库中指令 MBUS_MSG 拖动到程序段中，如图 5-74 所示。MBUS_MSG 指令用来完成一次通信过程，包括请求报文的发送和响应报文的接收。同一时间只能有一个 MBUS_MSG 指令被调用。

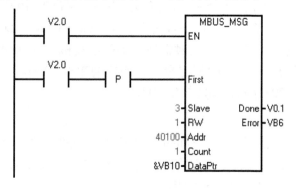

图 5-74 MBUS_MSG 指令

指令说明如下：

1）EN：指令使能。

2）First：请求新的读写任务时需要给该端子一个上升沿。

3）Slave：Modbus 从站设备的地址，允许范围为 0~247，地址 0 是广播地址，仅将地址 0 用于写入请求。系统不会响应对地址 0 的广播请求。并非所有从站设备都支持广播地址。S7-200 SMART Modbus 从站库不支持广播地址。

4）RW：读写命令，0 代表读，1 代表写。

5）Addr：请求寄存器地址。

6）Count：请求寄存器数量。受 SINAMICS G120 变频器的限制，写请求（RW=1）时该端子只能为 1。

7）DataPtr：读写数据的存储地址，指针形式。

8）Done：完成标志位，0 代表执行未完成，1 代表执行完成。

9）Error：错误代码，0 代表无错误，其他值表示有错误，读者可参考相关手册或指令帮助信息。

使用 MBUS_MSG 指令注意：

EN 输入和 First 输入同时接通时，MBUS_MSG 指令会向 Modbus 从站发起主站请求。发送请求、等待响应和处理响应通常需要多个 PLC 扫描时间。EN 输入必须接通才能启用发送请求，并且必须保持接通状态，直到指令为 Done 位返回接通。

2. 软硬件配置

1）1 套 STEP 7-MicroWIN SMART 软件。

2）1 台 G120 变频器控制单元为 CU 240E-2。

3）1 台 S7-200 SMART PLC。

4）1 根屏蔽双绞线。

5）1 台电动机。

6）1 台装有上述编程软件的计算机。

3. 硬件连接

S7-200 SMART PLC 与 G120 之间通过只有一端带有连接器头的双绞线电缆相连接，如图 5-75 所示。

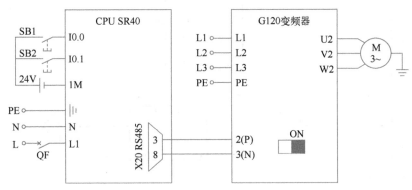

图 5-75　S7-200 SMART PLC 与 G120 连接示意图

图 5-75 中，按钮 SB1 为起动按钮，按钮 SB2 为停止按钮。

4. 创建项目并更改设备类型

1）创建项目。

打开 STEP 7-MicroWIN SMART 软件，新建一个项目，名称为 200 SMART_G120_MODBUS，并打开其项目视图。

2）更改设备类型。

新建项目的 PLC 类型一般是 CPU ST40 型号，在此更改为 CPU SR40（用户根据所使用的 CPU 类型进行更改）。

方法：右击编程软件窗口项目树中的"系统块"图标，在"系统块"对话框中更改 CPU 的类型，同时记住 RS485 端口的地址和通信比特率，如图 5-62 所示，在此，采用系统默认站地址为 2，将比特率更改为 19.2 kbit/s，然后单击"确定"按钮。

5. 编写程序

双击编程窗口项目树中"程序块"文件夹中的"MAIN（OB1）"选项，在打开的编程窗口中编写如图 5-76 所示的程序。

6. 分配库存储器，编译，下载

在编译程序之前，选择"程序块"→"库"，右键单击选择"库存储器…"。在弹出的对话框中单击"建议地址"（或手动输出某个地址）选择 V 存储器的地址后单击"确定"按钮，如图 5-64 所示。

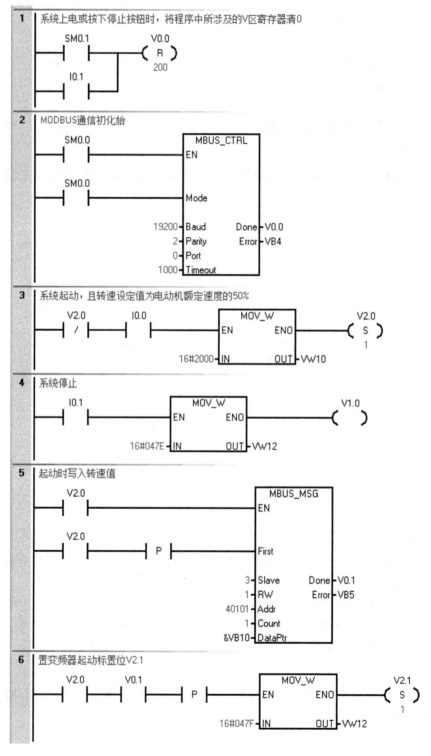

图 5-76　例 5-7 控制程序

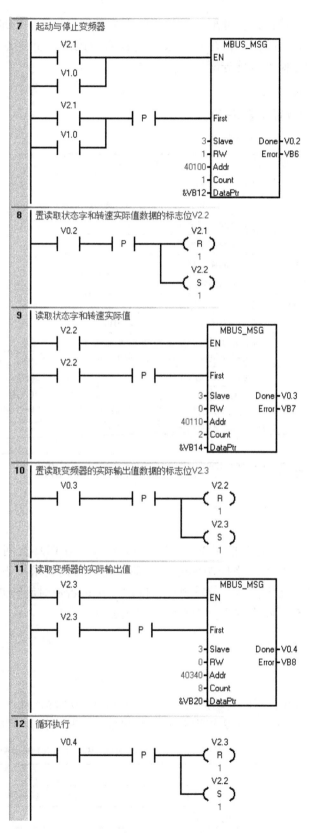

图 5-76　例 5-7 控制程序（续）

在使用建议地址时，请保证所分配的地址区间不会与用户程序中的地址相冲突。

分配库存储器之后，再编译、保存和下载（若没有分配库存储器地址，在编译时将在输出窗口提示用户进行库存储器地址分配）。

7. 设置 G120 变频器参数

G120 变频器的参数设置见表 5-23。

表 5-23　G120 变频器参数设置

变频器参数	设定值	单　位	说　明
p0010	1/0	—	设置 1，设置 0
p0015	21	—	接口宏 21，USS 和 Modbus 都用该程序
p0304	380	V	电动机的额定电压
p0305	0.3	A	电动机的额定电流
p0307	0.37	kW	电动机的额定功率
p0310	50.00	Hz	电动机的额定频率
p0311	1430	r/min	电动机的额定转速
p2020	7	—	Modbus 通信比特率，7 为 19200 bit/s
p2021	3	—	Modbus 地址（若通过变频器面板上的 DIP 拨码开关进行设置，此参数可省略）
p2030	2	—	2 为 Modbus 通信协议
p2040	0	ms	总线监控时间，设置为 0 表示不监控，或设置最大值，这样在监控时内如果变频器没有收到过程数据，就不会报 F1910 故障

码 5-7　S7-200 SMART PLC 与 G120 变频器 Modbus 通信

5.6　案例 10　基于 USS 通信的传输链运行控制

5.6.1　任务导入

使用 G120 变频器时，若选择控制单元 CU 240B/E-2，与 PLC 之间采用 USS 通信方式较为常见。本案例要求通过 USS 网络控制传输链电动机的运行，要求按下起动按钮后传输链起动并运行，若顺时旋转调速电位器，传输链速度随之变快；若逆时旋转调速电位器，传输链速度随之变慢。无论何时按下停止按钮，传输链都停止运行。

5.6.2　任务实施

1. 原理图绘制

根据项目要求分析可知：正向起动按钮 SB1，停止按钮 SB2 常开触点作为 PLC 的输入信号，电动机正反向运行指示灯 HL1 和 HL2 作为 PLC 的输出信号，其项目 I/O 地址分配见表 5-24。

表 5-24　基于 USS 网络的电动机运行控制 PLC 的 I/O 地址分配

输　　入			输　　出		
元　　件	输入继电器	作　用	元　　件	输出继电器	作　用
按钮 SB1	I0.0	电动机起动			
按钮 SB2	I0.1	电动机停止			

S7-1200 PLC 左侧需增加一个通信模块 CM1241，通信模块 CM1241 与 G120 之间通过只有一端带有连接器头的双绞线电缆相连接，如图 5-77 所示。图 5-77 中传输链速度通过连接在 CPU 1214C 系统集成的模拟量输入端口上的电位器来调节，其两端连接的 DC 10 V 电源可使用 G120 变频器的电源，即 1 号和 2 号端子。

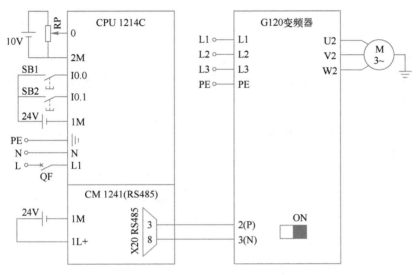

图 5-77　基于 USS 通信的传输链控制原理图

2. 参数设置

G120 变频器的参数设置见表 5-25（读者应根据所使用的电动机额定参数设置）。

表 5-25　G120 变频器的参数

序　号	参　数	设 定 值	单　位	功 能 说 明
1	P0003	3	—	参数访问权限，3 是专家级
2	P0010	1/0	—	驱动调试参数筛选。先设置为 1，当把 P0015 和电动机的参数修改完成后，再设置为 0
3	P0015	21	—	驱动设备宏指令
4	P0304	380	V	电动机的额定电压
5	P0305	2.05	A	电动机的额定电流
6	P0307	0.75	kW	电动机的额定功率
7	P0310	50.00	Hz	电动机的额定频率
8	P0311	1440	r/min	电动机的额定转速
9	P2010	6	—	USS 通信比特率，6 代表 9600 bit/s
10	P2011	1	—	USS 地址
11	P2022	2	—	USS 通信 PZD 长度
12	P2031	0	—	无校验
13	P2040	100	ms	总线监控时间

3. 硬件组态

双击桌面上的 图标，打开 TIA Portal 编程软件，在 Portal 视图中选择"创建新项目"，输入项目名称"M_chuanshulian",选择项目保存路径,然后单击"创建"按钮,创建项目完成。

在"设备视图"窗口中添加通信模块 CM 1241(RS485),通信模块组态可参考 5.4.2 节进行,站地站为 2,比特率为 9600 bit/s。CPU 1214C 集成的模拟量为直流 0~10 V 输入,不需要组态。

4. 软件编程

(1) OB30 中程序

添加循环中断组织块 OB30,且循环时间设置为 100 ms。根据控制要求,编写的 OB30 程序如图 5-78 所示。

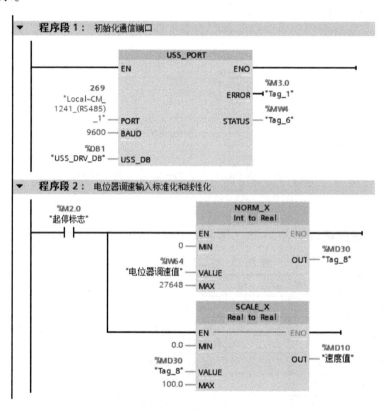

图 5-78   循环中断组织块 OB30 中的程序

循环中断 OB30 中主要负责 USS 通信端口初始化和采集调速电位器的输入信号与标准化和线性化转换。速度设定值参数"SPEED_SP"数据类型为"Real",且在 0.0~100.0% 之间。

(2) OB1 中程序

在程序循环组织块 OB1 中编写 G120 变频器的起停和速度控制,如图 5-79 所示。

5. 硬件连接

请读者参照图 5-75 的基于 USS 通信的传输链控制原理图进行线路连接,连接后再经检查或测量确认连接无误后方可进入下一实施环节。

6. 程序下载

选择设备 PLC_1,将项目下载到 PLC 中。

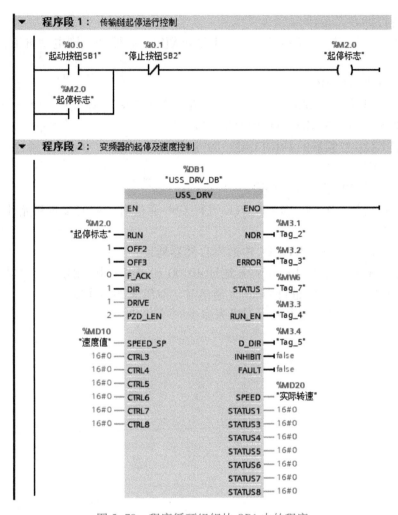

图 5-79　程序循环组织块 OB1 中的程序

7. 系统调试

　　硬件连接、参数设置和项目下载好后，打开 OB1 组织块，启动程序状态监控功能。首先按下起动按钮 SB1，观察传输链电动机是否能起动并运行。再正向或反向旋转电位器，观察电动机的速度是否有变化。按下停止按钮 SB2，观察电动机是否能停止运行。如上述调试现象符合项目控制要求，则本案例任务完成。

5.6.3　任务拓展

　　拓展任务要求同案例 10，在此，还要求用 USS 通信读/写指令读写本案例中变频器的相关参数，如读取变频器的直流回路电压实际值（参数 r0026）和将变频器的斜坡下降时间（参数 P1121）改为 3.0 s。

5.7　习题与思考

　　1. PROFIdrive 协议主要由哪几部分组成？
　　2. SINAMICS 通信报文中 STW 和 ZSW 分别是什么？

3. 控制字各位的含义是什么？

4. 若变频器的主设定值 16#4000 对应于电动机额定运行频率，则电动机工作频率为 20 Hz 时，设定值应该设置为多少？

5. 如何修改计算机的 IP 地址？

6. 如何使用调试软件 Startdrive 在线更改变频器的名称及 IP 地址？

7. 如何添加 S7-200 SMART PLC 中的指令库？

8. 如何设置 G120 变频器的 PROFIBUS-DP 通信站地址？

9. USS 通信有哪些优点？

10. USS 通信支持的比特率有哪些？

11. G120 变频器与 S7-200 SMART PLC 进行 USS 通信时，如何设置初始化指令中的变频器站地址？

12. 如何分配 S7-200 SMART PLC 中的库存储器地址？

13. 变频器的 Modbus 通信中，寄存器地址 40100 和 40101 中分别是什么数据？

14. S7-1200 PLC 与 G120 进行 Modbus 通信时，双绞线如何连接？

15. 现场总线控制预定义宏参数可设置为多少？

第6章 G120变频器的工程应用

本章主要介绍变频器的外围常用器件，包括断路器、接触器、熔断器等。变频器的外围器件在变频器电路中起到非常重要的作用，也是必不可少的部分。本章另一部分重要内容是介绍一个企业典型应用案例及变频器的故障处理与日常维护。希望读者通过本章的学习，尽快掌握变频器的外围电路及元件的选择、变频器在企业工程中的具体应用及故障处理和日常维护等知识。

6.1 主电路的配线和外围元件

6.1.1 主电路的配线

变频器的一种比较典型的主电路连接如图6-1所示，变频器接通或断开电源受按钮SB2和SB1控制。主电路中的配线非常重要，配线太粗不经济，配线太细会烧毁线路。

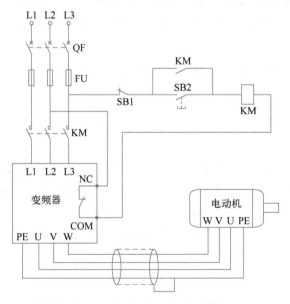

图6-1 变频器主电路的连接图

1. 输入侧配线

一般变频器的输入侧采用三线电缆（单相变频器除外），输入电缆通常连接在变频器的L1、L2、L3（有些变频器是U1、V1、W1或R、S、T）端子上。安装环境需干燥，周围没有容易受干扰的设备，特别是要处理好模拟信号设备，若存在则需要采用屏幕电缆连接。

PVC 绝缘铜导线或电缆的截流容量 I_z 见表 6-1。

表 6-1 PVC 绝缘铜导线或电缆的截流容量 I_z

截面积/mm²	载流容量 I_z/A			
	用导线管和电缆管道装置放置和保护导线（单芯电缆）	用导线管和电缆管道装置放置和保护导线（多芯电缆）	没有导线管和电缆管道，电缆悬挂壁侧	电缆水平或垂直装在开式电缆托架上
0.75	7.6			
1.0	10.4	9.6	12.6	11.5
1.5	13.5	12.2	15.2	16.1
2.5	18.5	16.5	21	22
4	25	23	28	30
6	35	29	36	37
10	44	40	50	52
16	60	53	66	70

如果一台变频器的额定电流为 8.9 A，查表 6-1 可知 1 mm² 的导线的最大载流容量是 11.5 A，即可选择 1 mm² 的三线电缆作为其输入导线。

2. 输出侧配线

变频器和电动机之间的电缆是输出电缆。输出电缆通常采用有屏蔽层的四芯电缆，其 U、V、W 端子（有些变频器 U2、V2、W2）向电动机提供三相交流电，接地端子是 PE 或者 E，两端的屏蔽层与接地端子连接在一起即可。输出电缆也是按照电流来选择导线的横截面积。

 注意：

当输出电缆的距离较长时，配线时要考虑导线的电压降。

6.1.2 断路器的选用

1. 断路器的作用

在变频器的维修和保养期间，断路器（一般指低压断路器）起隔离电源的作用，能保护操作人员的人身安全。当主电路没有设计接触器时，断路器也可以起到对主电路接通和断开电源的作用，因此，变频器的主电路中断路器是必不可少的。

一般变频器都有较好的输出回路断路保护功能，但变频器内部和输入侧的断路保护一般要借助于断路器。

2. 断路器的选用

选择断路器时，最为主要的是选择其额定电流，可以按照如下公式计算：

$$I_{QN} \geqslant \frac{P_N}{\sqrt{3}\, U_S \lambda \eta}$$

式中，I_{QN}——断路器的额定电流（A）；

P_N——变频器的输出功率（W）；

U_S——电源线电压（V）；

λ—变频器全功率因数；

　　η—变频器效率。

上面的公式相应来说比较烦琐，在企业中一般使用下面的估算公式：

$$I_{QN} = (1.3 \sim 1.4)I_N$$

【例 6-1】已知一台 G120 变频器驱动一台三相异步电动机，其电动机的额定参数为：功率 4 kW，额定电压 380 V，额定电流 8.9 A，额定转速 1445 r/min，请选择断路器的型号。

在此，按变频器中断路器选用的估算公式来选择断路器，取系数 1.4，则：

$$I_{QN} = 1.4 I_N = 1.4 \times 8.9\,A = 12.5\,A$$

所以选择断路器的额定电流为 16 A，其型号为 DZ47-63/3，D16。

6.1.3　熔断器的选用

1. 熔断器的作用

在变频器的主电路中，起短路保护作用的熔断器一般选用快速熔断器，当主电路发生短路（8~10 倍以上的额定电流）时，熔断器能起短路保护作用。

快速熔断器的优点是熔断速度比低压断路器的脱扣速度快，但熔断器的缺点是可能造成主电路缺相。

2. 熔断器的选用

选择熔断器时可按如下公式估算：

$$I_{FN} = (1.5 \sim 1.6)I_N$$

6.1.4　接触器的选用

1. 接触器的作用

在变频器的主电路中，建议接入接触器（交流接触器），而且接触器回路上串联变频器数字量输出常闭触点，在变频器发生故障时，通过断开该常闭触点使得接触器线圈失电，从而断开变频器输入电源。有些主电路比较简单，也可以不接入接触器。

由此可以看出，主电路中接触器的作用主要有：

1）用于控制变频器接入电源的通断，在图 6-1 中，按下起动按钮 SB2，接触器 KM 线圈得电，常开触点闭合实现自锁，主触点闭合给变频器供电；当按下停止按钮 SB1 时，接触器 KM 线圈失电，主触点断开使得变频器切断供电电源。

2）起保护作用，当变频器内部发生故障或发生报警时，内部的常闭触点断开（需根据故障或报警的类型设置相应的参数），使得接触器 KM 线圈失电，从而切断变频器的主电路电源。

2. 接触器的选用

1）对于输入侧的接触器，只要其主触点的额定电流大于变频器的主回路输入电流即可，即

$$I_{KM入} \geqslant I_N$$

2）对于输出侧接触器（一般在变频器的输出与电动机之间也会接入接触器），其主触点的额定电流大于额定电流的 1.1 倍，这是因为输出侧的电流并不是标准的正弦电，有高次谐波，即

$$I_{KM出} \geqslant 1.1 I_N$$

3）线圈额定电压。交流接触器的交流电压有 36 V、110 V、127 V、220 V 和 380 V 等，如

果变频器的接入电源有零线，建议使用线圈电压等级 220 V 及以下；如果设备控制系统中有直流 24 V 电源，建议优先选用线圈额定电压为直流 24 V 的交流接触器。

4）触点数量。接触器的触头数量和种类应满足主电路和控制线路的要求。

如变频器驱动的电动机的额定电流为 8.9 A，则输入侧的接触器的额定电流只要大于或等于 8.9 A 便可，可以选择国产品牌正泰接触器 CJX2-09 系列产品，（如 CJX1-0910，型号中 9 后面的第一个数字 1 表示常开辅助触点数量为 1 对，第二个数字 0 表示常闭辅助触点数量为无），即接触器的额定电流为 9 A；输出侧的接触器的额定电流只要大于或等于 1.1 倍的额定电流即 9.8 A，可以选择国产品牌正泰接触器 CJX2-16 系列产品。

3. 必须接输出接触器的场合

一般变频器的应用场合，变频器的输出侧可以不接入接触器，但在某些场合，变频器的输出端必须接入接触器。

1）在变频器工作在工频和变频切换场合，如图 6-2a 所示。正常情况下，变频器工作在变频模式，当变频器输出最大频率一段时间后仍达不到系统控制要求（如恒压供水系统，水压达不到系统设置值），此时需要自动将其切换到工频模式下运行；当变频器在变频模式下变频器内部发生故障时，也需要将其切换到工频模式下运行。

2）在一台变频器驱动多台电动机的场合，如图 6-2b 所示。每台电动机可以独立控制，这样每台电动机既可以独立运行，也可以多台组合运行（如系统工作时需要其中两台电动机同时运行，另一台电动机备用，在运行过程中若其中一台发生故障时，备用的电动机就要立即投入工作），需要为每台电动机安装接触器，以实现系统所需要的灵活控制。

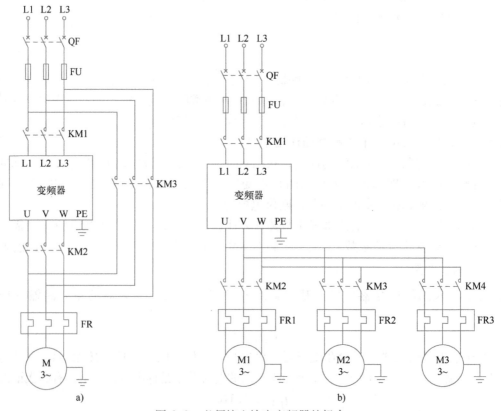

图 6-2　必须接入输出变频器的场合

对于一台变频器控制多台电动机的场合，需要为每台电动机安装热继电器。

变频器在使用时，断路器、熔断器及接触器基本上在变频器的绝大部分主电路中都会使用，而电抗器及制动电阻等元件视工作环境及系统要求选用，在需要使用时请参考相关元件手册及其参数，不再赘述。

6.2　变频器在恒压供水系统中的应用

6.2.1　变频器实现的恒压供水控制

本节介绍使用变频器独立实现恒压供水（使用变频器的 PID 功能实现），恒压供水系统对于用户是非常重要的。在生产生活供水时，若水压不足或短时断水，可能影响生活质量，严重时会影响生存安全。如发生火灾时，若供水压力不足或无水供应，不能迅速灭火，可能引起重大经济损失和人员伤亡。所以，用水区域采用恒压供水系统，可使供水和用水之间保持平衡，即用水多时供水也多，用水少时供水也少，从而提高了供水的质量，产生较好的社会效益和经济效益。

1. 恒压供水原理

恒压供水系统的基本构成可简化，如图 6-3 所示，包含水泵、压力传感器、变频器等。恒压供水控制系统产生水压的设备是水泵，水泵转动越快产生的水压越高。压力传感器主要用于检测管路中的水压，装设在泵站的出水口。当用水量大时水压降低，用水量小时水压升高。水压传感器将水压的变化转变为电流或电压的变化送给变频器。

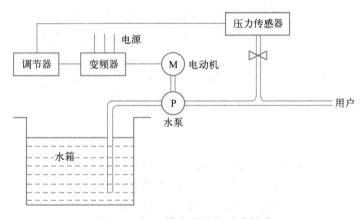

图 6-3　恒压供水系统的基本构成

变频器内含 PID 调节器，接收传感器送来的管路水压值，并与给定值进行比较，根据比较结果，控制变频器的输出频率，进而实现电动机转速的调节和水泵供水量的变化调节。当管路水压不足时，变频器增大输出频率，水泵转速加快，供水量增加，迫使管路水压上升。反之水泵转速减慢，供水量减小，管路水压力下降，保持恒压供水。

系统的给定值是系统预期的目标信号。目标信号的大小与所选用的压力传感器的量程相联系。例如，要求管网水压保持在 0.6 MPa，如果压力传感器的量程选为 0～1 MPa，则目标值为 60%，如果压力传感器的量程为 0～2 MPa，则目标值为 30%。

2. 控制系统的构成

PID 就是比例（P）、积分（I）、微分（D）控制，是使控制系统的被控制量在各种情况下都能够迅速而准确地无限接近控制目标的一种手段。具体地说，即随时将传感器测得的实际信号（称为反馈信号）与被控量的目标信号相比较，以判断是否已经达到预定的控制目标；如尚未达到，则根据两者的差值进行调整，直至达到预定的控制目标为止。

恒压供水 PID 控制系统的示意图如图 6-4 所示。供水系统的反馈信号是水泵管路的实际压力，该信号通过压力传感器转换成电学量（电压或电流），反馈到 PID 调节器。PID 调节器将管路水压的反馈值与给定值进行比较，控制变频器的输出频率。当管网压力不足时，变频器增大输出频率，水泵转速加快，供水量增加，迫使管网压力上升。反之水泵转速减慢，供水量减小，管网压力下降，保持恒压供水。

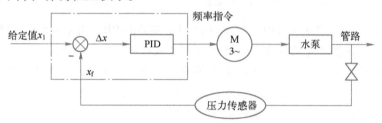

图 6-4　恒压供水 PID 控制系统示意图

3. PID 调节过程

现代大部分的通用变频器都自带了 PID 调节功能。用户在选择了 PID 功能后，通常需要输入下面几个参数。

（1）控制的给定值（x_t）

x_t 的值就是当系统的压力达到给定压力 p_p 时，由压力传感器反映出的 x_f 的大小，通常是给定压力与传感器量程的百分数。因此同样的给定压力，由不同量程的传感器所得到的 x_t 值是不一样的。

系统要求偏差信号 $\Delta x = x_t - x_f \approx 0$，则变频器输出频率 $f_x = 0$，那么变频器就不可能维持一定的输出频率，管路的实际水压就无法维持。为了使管路维持一定的压力，变频器必须有一个输出频率，这就是矛盾所在。

（2）比例增益环节（P）

如图 6-5 所示，P 的功能就是将 Δx 的值按比例进行放大，再作为频率给定信号 x_g。放大倍数用比例增益 K_p 表示，若比例值增益 K_p 较大，则反馈的微小变化量就会引起执行量很大变化。这样尽管 Δx 的值很小，但是经放大后再来调整水泵的转速也会比较准确、迅速。

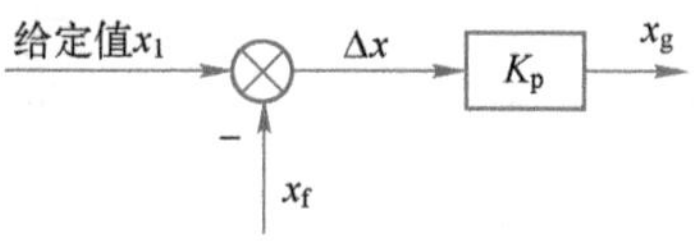

但是，如果 K_p 值设得过大，Δx 的值将变得很大，系统的实际压力调整到给定值的速度必定很快。由于控制系统的惯性

图 6-5　比例增益环节（P）

原因，很容易引起超调。于是控制又必须反方向调节，这样就会使系统的实际压力在给定值（恒压值）附近来回振荡，为了缓解因 P 功能给定值过大而引起的超调振荡，可以引入积分功能。

（3）积分环节（I）

积分环节就是对偏差信号 Δx 取积分后输出，其作用是延长加速或减速的时间，以缓解 K_p 设置过大而引起的超调。增加积分功能后使得超调减小，避免了系统的压力振荡，但是也延长了压力重新回到给定值的时间。为了克服上述缺陷，又增加了微分功能。

（4）微分环节（D）

微分环节就是对 Δx 取微分后再输出。也就是说当实际压力刚开始下降时，压力变化率

dp/dt 最大，此时 Δx 的变化率最大，D 输出也就最大。随着水泵转速的逐渐升高，管路压力会逐渐恢复，dp/dt 会逐渐减小，D 输出也会迅速衰减，系统又呈现 PI 调节。

经 PID 调节后的管路水压，既保证了系统的动态响应速度，又避免了在调节过程中的振荡，因此 PID 调节功能在恒压供水系统中得到了广泛应用。

4. PID 控制的特点

PID 功能预置即预置变频器的 PID 功能有效。当变频器完全按 P、I、D 调节的规律运行时，其工作特点如下。

1）变频器的输出频率只根据管路的实际压力与目标压力比较的结果进行调整，所以频率的大小与被控量（压力）之间并无对应关系。

2）变频器的加、减速过程将完全取决于由 P、I、D 数据所决定的动态响应过程，而原来预置的加速时间和减速时间将不再起作用。

3）变频器的输出频率始终处于调整状态，因此其显示的频率经常不稳定。

5. 变频器 PID 控制原理

变频器的闭环 PID 控制又称为工艺控制器，可以实现所有类型的简单过程控制，如压力控制、液位控制、流量控制等。PID 控制功能，使控制系统的被控量迅速而准确地接近目标值，它实时地将传感器反馈回来的信号与被控量的目标信号相比较，如果有偏差，则通过 PID 控制使偏差趋于 0。

变频器 PID 控制原理简图如图 6-6 所示。

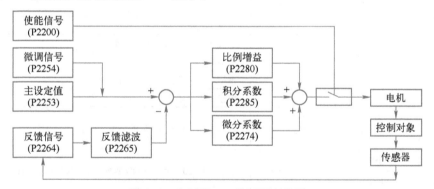

图 6-6　变频器 PID 控制原理简图

在图 6-6 中，PID 控制的主要参数见表 6-2。

表 6-2　PID 控制主要参数

参 数 号	说　明	参 数 号	说　明
p2200	使能 PID 功能	p2280	PID 比例增益
p2253	PID 设定值	p2285	PID 积分时间
p2264	PID 反馈值	p2274	PID 微分时间

6. 变频器实现的恒压供水控制系统

下面通过例 6-2 介绍变频器实现的恒压供水控制系统实施步骤。

【例 6-2】由 G120 变频器驱动的水泵电动机实现某管路恒压供水，要求供水压力为 0.6MPa，管路压力由传感器检测，直接连接在 G120 变频器的模拟量输入通道 0 上。已知水泵电动机的功率为 4 kW，额定电压为 380 V，额定电流为 8.9 A，额定转速为 1445 r/min。

（1）硬件电路

根据控制要求可知，由 G120 变频器实现的恒压供水控制硬件电路如图 6-7 所示。

反馈信号的接入：恒压供水中反馈信号是管路的压力，直接从水压传感器中获取。图 6-7 中，PS 是水压传感器。将红线（+24 V）和黑线（GND）分别接到变频器的数字输入端子 9（+24 V）和 28（GND），则在绿线与黑线之间即可得到与被测压力成正比的电压信号，把绿线和黑线分别接到 G120 变频器的模拟量输入端子 3 和 4，变频器就得到了压力反馈的电流信号。

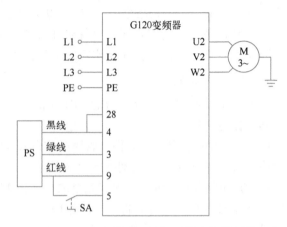

图 6-7　G120 变频器实现的恒压供水控制硬件电路

目标信号的给定：目标信号采用变频器的参数直接设定便可。

图 6-7 中接到数字量输入端子 5 的转换开关 SA 用来控制 G120 变频器的起动和停止。

（2）变频器的参数设置

变频器实现的恒压供水控制参数设置见表 6-3。

表 6-3　变频器实现的恒压供水控制参数设置

变频器参数	设 定 值	单 位	说 明
p0010	1/0	—	设置 1，设置 0
p0015	1	—	双线制控制，两个固定转速
p0840	722.0	—	将 DI0 端子作为起动信号
p1000	2	—	模拟量输入通道 0 作为主设定值
p0756	0	—	单极性电压输入（0~10 V）
p0757	0	V	输入电压 0 V 对应 0% 的标度，即频率为 0 Hz
p0758	0	%	
p0756	10	V	输入电压 10 V 对应 100% 的标度，即频率为 50 Hz
p0756	100	%	
p2200	1	—	使能 PID 功能
p2253	2900	—	PID 设定值来源于固定设定值
p2900	60.0	—	用户压力设定值的百分比
p2264	755.0	—	PID 反馈源于模拟通道 0
p2280	0.5	—	比例增益设置（根据现场工艺情况调整）
p2285	15	s	积分时间设置（根据现场工艺情况调整）
p2274	0	s	微分时间设置（根据现场工艺情况调整）
p0304	380	V	电动机的额定电压
p0305	8.9	A	电动机的额定电流
p0307	4	kW	电动机的额定功率
p0310	50.00	Hz	电动机的额定频率
p0311	1445	r/min	电动机的额定转速

除表 6-2 外，还有部分相关参数，读者可根据工艺情况现场设定，见表 6-4。

表 6-4　其他相关参数设置

变频器参数	设 定 值	单 位	说　　明
p1080	10	Hz	下限频率值
p1082	50	Hz	上限频率值
p2254	0	—	PID 微调信号源
p2257	1	s	PID 设定值斜坡上升时间
p2258	1	s	PID 设定值斜坡下降时间
p2265	0	s	PID 设定值无滤波时间

7. 控制系统调试

（1）逻辑关系的预置

逻辑关系由参数 p2271 决定，当 p2271 = 0（默认值）时是正逻辑（负反馈），当 p2271 = 1 时是负逻辑（正反馈）。恒压供水（负反馈）调试过程以正逻辑为例。

（2）比例增益与积分时间的调试

1）手动模拟调试。

在系统运行之前，可以先用手动模拟的方法对 PID 功能进行初步调试。首先，将目标值预置到实际需要的数值，将一个手控的电压信号接至变频器的反馈信号输入端。缓慢地调节目标信号，正常的情况是：当目标信号超过反馈信号时，变频器的输入频率将不断地上升，直至最高频率；反之，当反馈信号高于目标信号时，变频器的输入频率将不断下降，直至频率为 10 Hz。上升或下降的快慢，反映了积分时间的大小。

2）P、I、D 的参数调试。

由于 P、I、D 的参数的取值与系统的惯性有很大的关系，因此很难一次调定。首先将微分功能 D 的参数调为 0。在许多要求不高的控制系统中，微分功能 D 可以不用，在初次调试时，P 的参数可按中间偏大值来预置；保持变频器的出厂设定值不变，使系统运行起来，观察其工作情况：如果在压力下降或上升后难以恢复，说明反应太慢，则应加大比例增益 K_p，在增大 K_p 后，虽然反应快了，但容易在目标值附近波动，说明应加大积分时间 T_s，直至基本不振荡为止。

总之，在反应太慢时，就调大 K_p，或减小积分时间 T_s，在发生振荡时，应调小 K_p，加大积分时间 T_s。在有些对反应速度要求较高的系统中，可考虑加微分环节 D。

（3）模拟信号的调试

将模拟量输入端子 3、4 并联一个可调的电压信号，进行手动调试，首先是接通与端子 5 连接的开关 SA，起动变频器，观察电动机的运行情况，以及变频器的输出频率是多少。然后通过外加电流调节反馈信号，先观察电压在 8 V 时，变频器的输出频率如何变化，以及变化速度的快慢。

若变频器的频率能按期望上升/下降，说明控制逻辑是正确的，否则需要设置参数 p2271，修改控制逻辑。如果上升/下降的速度慢，可以将参数 p2280 增加，反之，如果上升/下降速度过快，则将参数 p2280 减小。同时可以适当调整参数 p2285，当 p2280 增加时，可以将 p2285 减小，反之，当 p2280 减小时，可以将 p2285 增加，直到变频器的输出频率变化速度合适为止。

（4）模型的调试

将模拟量输入端子 3、4 并联的可调电压信号拆掉，起动模拟恒压供水模型，通过阀门调节水流量，观察水流量变大/小时，电动机的转速是否升高/降低，变频器的输出频率是否增大/减小以及变化的速度，根据变化情况，调整 p2280、p2285 和 p2293，直到无论阀门如何调节，变频器最终都能快速调节并能稳定在某一固定值。

（5）系统的调试

将变频器的参数 p2900 修改为 80 或 40，然后调节阀门，观察电动机的转速和变频器的输出频率的变化情况，系统的 PID 调节效果是否满意，若不满意则重新调节 PID 参数，使系统处于最佳工作状态。

6.2.2 PLC 及变频器共同实现恒压供水控制

在控制系统要求比较复杂的情况下，常常通过 PLC 控制变频器实现系统的动态响应。本节介绍 PLC（S7-1200）和变频器共同实现恒压供水控制。

1. PID 指令及组态

S7-1200 PLC 使用 PID_Compact 指令实现 PID 控制，该指令的背景数据块称为 PID_Compact_1 工艺对象。PID 控制器具有参数自调节功能和自动、手动模式。

PID 控制连续地采集测量的被控制变量的实际值（简称实际值或输入值），并与期望的设定值比较。根据得到的系统误差，PID 控制器计算控制器的输出，使被控制变量尽快接近设定值或进入稳态。

（1）生成一个新项目

打开 TIA Portal 编程软件的项目视图，生成一个名为"PID 应用"的新项目。双击项目树中的"添加新设备"，添加一个 PLC 设备，CPU 的型号为 CPU 1214C。将硬件目录中的 AQ 信号板拖放到 CPU 中，设置模拟量输出的类型为电压（默认为 ±10 V）。集成的模拟量输入 0 通道的量程为默认的 0~10 V。

（2）调用 PID_Compact 指令

调用 PID_Compact 指令的时间间隔为采样周期。为了保证精确的采样时间，用固定的时间间隔执行 PID 指令，在循环中断 OB 中调用 PID_Compact 指令。

打开项目视图中的文件夹"PLC_1\程序块"，双击其中的"添加新块"，单击打开的对话框中的"组织块"按钮，选中"Cyclic interrupt"，生成循环中断组织块 OB30，设置循环时间为 300 ms，单击"确定"按钮，自动生成和打开 OB30。

打开指令卡的"工艺"窗口的 PID 控制文件夹，将其中的"PID_Compact"指令双击或拖放到 OB30 中，对话框"调用选项"被打开。将默认的背景数据块的名称改为 PID_DB，单击"确定"按钮，在"程序块"文件中生成名为"PID_Compact"的函数块 FB1130，如图 6-8 所示。生成的背景数据块 PID_DB 在项目树的文件夹"工艺对象"中。

（3）PID 指令的模式

1）未活动模式

PID_Compact 工艺对象被组态并首先下载到 CPU 之后，PID 控制器处于未活动模式，此时需要在调试窗口进行首次起动自调节。在运行时出现错误，或者单击了调试窗口的"STOP（停止测量）"按钮，PID 控制器将进入未活动模式。选择其他运行模式时，活动状态的错误被确认。

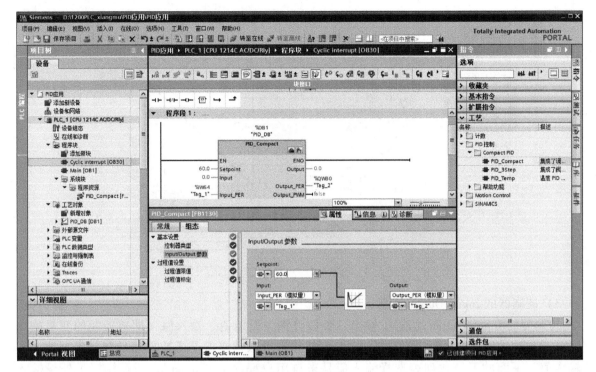

图 6-8　PID 组态窗口

2）预调节和精确调节模式。

打开 PID 调试窗口，可以选择预调节模式或精确调节模式。

3）自动模式。

在自动模式下，PID_Compact 工艺对象根据设置的 PID 参数进行闭环控制。

满足下列条件之一时，控制器将进入自动模式：

① 成功地完成了首次起动自调节和运行中自调节的任务。

② 在组态窗口选中了"启用手动输入"单选按钮。

4）手动模式。

在手动模式下，PID 控制的输出变量用手动设置。

满足下列条件之一时，控制器将进入手动模式：

① 指令的输入参数"ManualEnable（启用手动）"为"1"状态。

② 在调试窗口选中了"手动"复选框。

（4）组态基本参数

打开 OB30，选中"PID_Compact"，然后选中巡视窗口左边的"组态"选项卡下的基本设置，在右边窗口中设置 PID 的基本参数，如图 6-9 所示。

1）控制器类型。

默认值为"常规"，设定值与输入值的单位为%。可以用下拉式列表选择控制器类型为控制具体的物理量，例如转速、温度、压力和流量等。被控制的单位随之而变。

2）反向调节。

有些控制系统需要反向调节，例如在冷却系统中，增大阀门开度时降低液位，或者增大制冷作用来降低温度。为此应选中"反转控制逻辑"复选框。

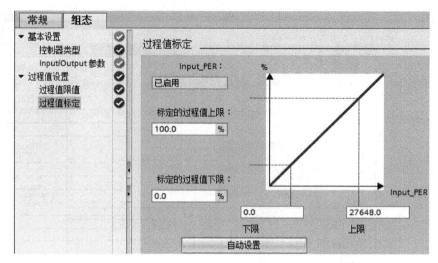

图 6-9　组态 PID 控制器的基本参数

3）控制器的 Input/Output 参数。

控制器的 Input/Output（输入/输出）参数分别为设定值、输入值（即被控制的变量的反馈值）和输出值。可以用各数值左边的 ▦▼ 按钮选择数值来源是函数块还是背景数据块。用"输入值"下面的下拉式列表选择输入值是来自用户程序的"Input"，还是模拟量外设输入"Input_PER（模拟量）"，即直接指定模拟量输入的地址。用"输出值"下面的下拉式列表选择输出值为来自用户程序的"Output""Output_PWM（脉冲宽度调制的数字量开关输出）"或"Output_PER（外设输出，即直接指定模拟量输出的地址）"。可以用下拉式列表设置参数，也可以直接输入参数的绝对地址或符号地址。

图 6-8 中的"Tag_1"和"Tag_2"分别是 IW64（CPU 集成的模拟量输入通道 0）和 QW80（1AQ 信号板的模拟量输出）。

（5）组态输入值缩放比例

选中图 6-9 的巡视窗口左边的"过程值标定（也称输入值标定）"，可以缩放过程（输入）值，或给过程值设置偏移量。图中采用默认的比例：模拟量的实际值（或来自用户程序的输入值）为 0.0%~100.0%时，AD 转换后的数字为 0.0~27648.0，可以修改这些参数。

可以设置过程值的上限值和下限值。在运行时一旦超过上限值或低于下限值，就停止正常的控制，输出值被设置为 0。

（6）组态控制器的高级参数

为了设置 PID 的高级参数，打开项目树中的文件夹"PLC_1\工艺对象\PID_DB"，用鼠标双击其中的"组态"标签，如图 6-8 所示，打开 PID_Compact 工艺对象，单击 PID_Compact 指令右上角▣图标，也可以打开 PID 组态窗口，如图 6-10 所示。

打开左边窗口的"高级设置"，在右边窗口设置高级参数。

1）过程值监视。

选中左边窗口的"过程值监视（或称输入）"选项，在右边的过程值监视区，如图 6-10 所示，可以设置过程值的警告的上限和警告的下限。运行时如果过程值超过设置的上限值或低于下限值，指令的 Bool 输出参数"InputWarning_H"或"InputWarning_L"将变为"1"状态。

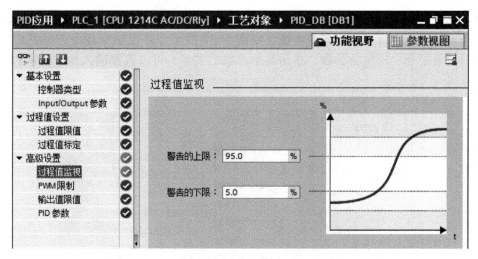

图 6-10　组态 PID 控制器的过程值监视

2）PWM 限制。

选中图 6-10 左边窗口的 "PWM 限制" 选项，在右边的 PWM 限制区，可以设置 PWM 的最短接通时间和最短关闭时间。该设置影响指令的输出变量 "Output_PWM"。PWM 的开关量输出受 PID_Compact 指令的控制，与 CPU 集成的脉冲发生器无关。

3）输出值限制。

选中图 6-10 左边窗口的 "输出值限制" 选项，在右边的输出值限值设置输出变量的限制值，使手动模式或自动模式时 PID 的输出值不超过上限和低于下限。用 "Output_PWM" 作 PID 的输出值时，只能控制正的输出变量，如图 6-11 所示。

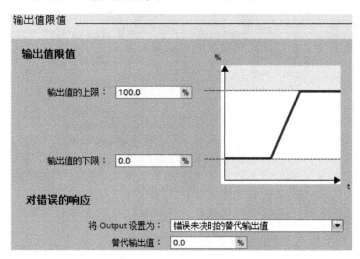

图 6-11　组态 PID 控制器的输出监视

4）PID 参数。

选中图 6-10 左边窗口的 "PID 参数" 选项，在右边的 PID 参数区，如图 6-12 所示，选中 "启用手动输入" 单选按钮，可以手动设置 PID 的参数。

（7）用 PID 指令设置 PID 控制器的参数

除了在 PID_Compact 工艺对象的组态窗口和指令下面的巡视窗口中设置 PID_Compact 指令

的参数外，也可以直接输入指令的参数，未设置（采用默认值）的参数为灰色。单击指令方框下边沿向下的箭头，将显示更多的参数，如图 6-13 所示。单击图中指令方框下边沿向上的箭头，将不显示指令中灰色的参数。单击某个参数的实参，可以直接输入地址或常数。

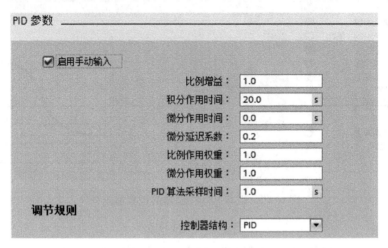

图 6-12　组态 PID 控制器的 PID 参数

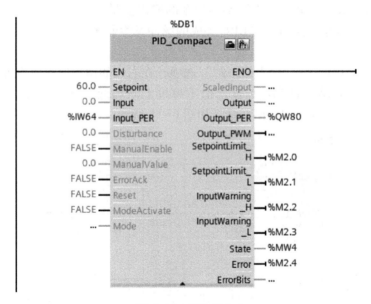

图 6-13　PID 指令

（8）PID_Compact 指令的输入/输出变量

PID_Compact 指令的输入/输出参数见表 6-5 和表 6-6。

表 6-5　PID_Compact 指令的输入参数

参 数 名 称	数 据 类 型	说　　　明	默认值
Setpoint	Real	自动模式的控制设定值	0.0
Input	Real	作为实际值（即反馈值）来源的用户程序的变量	0.0
Input_PER	Int	作为实际值来源的模拟量输入	0
Disturbance	Real	扰动变量或预控制值	0.0

（续）

参数名称	数据类型	说　明	默认值
ManualEnable	Bool	上升沿选择手动模式，下降沿选择最近激活的操作模式	FALSE
ManualValue	Real	手动模式的 PID 输出变量	0.0
ErrorAck	Bool	确认后将复位 ErrorBits 和 Warning	FALSE
Reset	Bool	重新起动控制器，"1" 状态时进入未激活模式，控制器输出变量为 0，临时值被复位，PID 参数保持不变	FALSE
ModeActivate	Bool	"1" 状态时，PID_Compact 将切换到保存 Mode 参数中工作模式	FALSE

表 6-6　PID_Compact 指令的输出参数

参数名称	数据类型	说　明	默认值
ScaledInput	Real	经比例缩放的实际值的输出（标定的过程值）	0.0
Output	Real	用于控制器输出的用户程序变量	0.0
Output_PER	Int	PID 控制的模拟量输出	0
Output_PWM	Real	使用 PWM 的控制开关输出	FALSE
SetpointLimit_H	Bool	1 状态时达到或超过设定值的绝对值上限	FALSE
SetpointLimit_L	Bool	1 状态时达到或低于设定值的绝对值下限	FALSE
InputWarning_H	Bool	1 状态时达到或超过实际值（过程值）报警上限	FALSE
InputWarning_L	Bool	1 状态时达到或低于实际值（过程值）报警下限	FALSE
State	Int	PID 控制器的当前运行模式，0~5 分别表示未激活、预调节、精确调节、自动模式、手动模式、带错误监视的替代输出值	0
Error	Bool	"1" 状态时，此周期内至少有一条错误消息处于未决状态	
ErrorBits	DWORD	参数显示了处于未决状态的错误消息。通过 Reset 或 ErrorACK 的上升沿来保持并复位 ErrorBits	DW#16#0

工作模式 Mode，数据类型为整型，0：未激活；1：预调节；2：精确调节；3：自动模式；4：手动模式。工作模式由以下边沿激活：ModeActivate 的上升沿，或 Reset 的下降沿，或 ManualEnable 的下降沿。

 注意：
　　PID 控制器可以同时组态使用输入 Input 或 Input_PER，可以同时使用 Output、Output_PER 和 Output_PWM 输出。

2. PLC 与变频器共同实现的恒压供水控制系统
下面通过例 6-3 介绍 PLC 与变频器共同实现的恒压供水控制系统实施步骤。
【例 6-3】由 S7-1200 PLC 与 G120 变频器共同实现某管路恒压供水控制，系统要求供水压力为 0.6 MPa，管路压力由传感器检测，检测数据发送给 PLC。已知变频器驱动的水泵电动机功率为 4 kW，额定电压为 380 V，额定电流为 8.9 A，额定转速为 1445 r/min。当系统压力高于或低于设置值 0.2 MPa 时，系统发出报警指示。
　　（1）硬件电路
根据控制要求可知，由 S7-1200 PLC 与 G120 变频器共同实现的恒压供水控制硬件电路如

图 6-14 所示。此例中使用 CPU 集成的模拟量输入通道，并添加一块模拟量输出的信号板。压力传感器压力为 0.0~1.0 MPa，相应输出电压为 0~10 V。

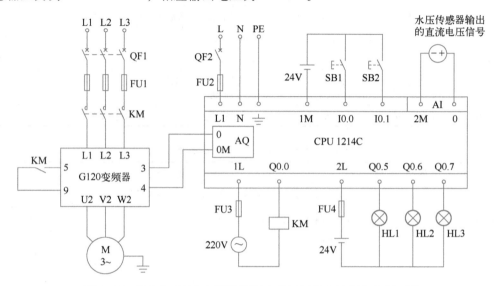

图 6-14　PLC 与 G120 变频器共同实现恒压供水控制电路原理图

图 6-14 中，SB1 为系统起动按钮，SB2 为系统停止按钮，KM 为电源引入和变频器起停控制接触器，HL1 为泵机运行指示灯，HL2 为压力上限报警指示灯，HL3 为压力下限报警指示灯。

（2）创建工程项目

双击桌面上的■图标，打开 TIA Portal 编程软件，在 Portal 视图中选择"创建新项目"选项，输入项目名称为"M_hengya"，然后单击"创建"按钮，创建项目完成。在"设备组态"窗口中将"硬件目录"中信号板 SB 1232 模块拖放到 PLC 正面的信号板安装位置上。

（3）编辑变量表

本项目变量表如图 6-15 所示。

S_yewei ▸ PLC_1 [CPU 1214C AC/DC/Rly] ▸ PLC 变量

		名称	变量表	数据类型	地址
1		起动按钮SB1	默认变量表	Bool	%I0.0
2		停止按钮SB2	默认变量表	Bool	%I0.1
3		接触器KM	默认变量表	Bool	%Q0.0
4		泵机运行指示HL1	默认变量表	Bool	%Q0.5
5		上限位报警指示HL2	默认变量表	Bool	%Q0.6
6		下限位报警指示HL3	默认变量表	Bool	%Q0.7
7		水位采集	默认变量表	Int	%IW64
8		控制输出	默认变量表	Int	%QW80
9		上限位报警标志	默认变量表	Bool	%M2.0
10		下限位报警标志	默认变量表	Bool	%M2.1

图 6-15　恒压控制变量表

（4）参数及模块组态

首先生成循环中断组织块 OB30，循环时间为 250 ms，此处的中断循环时间并非 PID 控制器的采样时间，采集时间为中断时间的倍数，由系统自动计算得出。在 OB30 中添加 PID 指令块，将 PID 指令的背景数据块的名称改为 PID_Hengya_DB，定义与指令块对应的工艺对象背景数据块。

打开背景数据块 PID_Hengya_DB，将"控制器类型"选用"常规"，单位为"%"；将"CPU 重启后激活 Mode"设置为"自动模式"；将"Input/Output 参数"中的输入设置为"Input_PER（模拟量）"，输出设置出"Output_PER（模拟量）"；将"过程值监视"中的"警告的上限"设置为"80.0%"，"警告的下限"设置为"40.0%"；"PID 参数"勾选"启用手动输入"时，可手动修改 PID 调试的参数，在此选用默认参数。

 注意：

选择 PID 参数时，若有已调试好的参数可选择手动设置，也可选择系统默认参数。

在"设备组态"窗口，双击信号板 SB 1232，打开其巡视窗口，将"模拟量输出的类型"选择为"电压"，"电压范围"默认为"±10 V"，在此可以看到 SB 1232 的输出地址为 QW80（系统集成的模拟量第一通道地址为 IW64）。

（5）编写程序

水压传感器将检测到 0.0~1.0 MPa 水压转换为 0~10 V 电压的输出。当水压低于 0.4 MPa 时，即低于输入量程的 40% 时，或高于 0.8 MPa 时，即高于输入量程的 80% 时，系统发出报警指示。

根据要求，并使用 PID 指令编写的恒压控制系统程序如图 6-16 和图 6-17 所示。

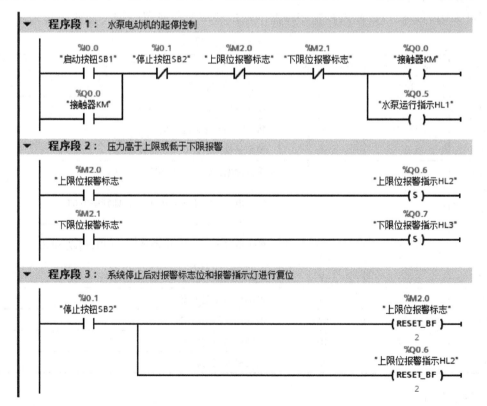

图 6-16　恒压控制程序——OB1 程序

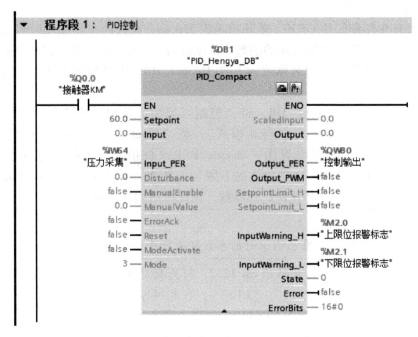

图 6-17　恒压控制程序——OB30 程序

单击 PID 指令框底部的 ▲ 或 ▼ 按钮，可以展开为详细参数显示或收缩为最小参数显示。

（6）变频的参数设置

本项目采用的是模拟量输入控制变频器的输出频率，变频器的相关参数设置见表 6-7。

表 6-7　变频器参数设置

变频器参数	设 定 值	单 位	说 明
p0010	1/0	—	设置 1，设置 0
p0015	1	—	双线制控制，两个固定转速
p0840	722.0	—	将 DI0 端子作为起动信号
p1000	2	—	模拟量输入通道 0 作为主设定值
p0756	0	—	单极性电压输入（0~10 V）
p0757	0	V	输入电压 0 V 对应 0% 的标度，即频率为 0 Hz
p0758	0	%	
p0756	10	V	输入电压 10 V 对应 100% 的标度，即频率为 50 Hz
p0756	100	%	
p0304	380	V	电动机的额定电压
p0305	8.9	A	电动机的额定电流
p0307	4	kW	电动机的额定功率
p0310	50.00	Hz	电动机的额定频率
p0311	1445	r/min	电动机的额定转速

（7）调试程序

将调试好的用户程序下载到 CPU 中，并连接好线路。按下系统起动按钮后，打开管路的进水阀和出水阀，并每隔一段时间就手动调节出水阀的开口度，实现观察水泵电动机的运行速度和管路压力值。可人为移出水压传感器，使用电位器替换，调节电位器输出值使其高于 0.8 MPa 或低于 0.4 MPa，观察水泵电动机运行情况，此时是否发出报警指示。无论何时按下停止按钮，水泵电动机是否立即停止运行？若上述调试现象与控制要求一致，则说明硬件连接、程序及变频器参数设置正确。

6.3　变频器的故障报警与日常维护

6.3.1　变频器的故障报警

1. LED 显示的运行状态

在接通 G120 变频器电源后，RDY（READY，准备）灯会暂时变为橙色。一旦 RDY 灯变为红色或绿色，它显示的便是变频器的当前状态。

G120 变频器的诊断状态见表 6-8。

表 6-8　G120 变频器的诊断状态

LED		说　　明
RDY	BF（Bus Fault，总线故障）	
绿色，常亮	—	当前无故障
绿色，缓慢闪烁	—	正在调试或恢复出厂设置
红色，快速闪烁	—	当前存在一个故障
红色，快速闪烁	红色，快速闪烁	错误的存储卡

CU240B-2、CU240E-2、CU240E-2 F 的 BF 灯状态见表 6-9。

表 6-9　CU240B-2、CU240E-2、CU240E-2 F 的 BF 灯状态

LED　BF	说　　明
绿色，常亮	接收过程数据
红色，缓慢闪烁	总线活动中，没有过程数据
红色，快速闪烁	没有总线活动

CU240B-2 DP、CU240E-2 DP、CU240E-2 DP F 的 BF 灯状态见表 6-10。

表 6-10　CU240B-2 DP、CU240E-2 DP、CU240E-2 DP F 的 BF 灯状态

LED　BF	说　　明
绿色，常亮	周期性数据交换（或不使用 PROFIBUS，P2030=0）
红色，缓慢闪烁	总线故障：配置错误
红色，快速闪烁	总线故障： 1. 没有数据交换 2. 搜索比特率 3. 没有连接

2. 故障/报警

变频器在运行过程中，若发生故障报警信息将会通过操作面板加以显示。

在操作面板上若显示的代码是以 A××××开头的，则说明是报警信息，发生报警时通常不会对变频器内部元件产生直接影响，在排除原因后这些报警信息会自动消失，无须操作者人为应答。

在操作面板上若显示的代码是以 F××××开头的，则说明是故障信息，故障通常是指变频器工作时出现的严重异常现象。故障发生后，必须首先解读故障原因，然后还需要操作者人为应答故障。

G120 变频器常见的故障/故障代码及解决办法见表 6-11。

表 6-11　G120 变频器常见的故障/故障代码及解决办法

代　　码	原　　因	解 决 办 法
F07801	电动机过电流	电动机铭牌数据，功率模块和电动机是否配套检查 如果没有做过静态识别，需要做静态识别 检查是否有起动时抱闸没有打开的现象 适当放大电流过载系数（P0640） 矢量控制：检查电流调节器（P1715、P1717） V/F 控制：检查电流限幅调节器 延长加速时间或减轻负载 如果变频器是在电动机旋转的时候起动，选择捕捉再起动
F30001	功率单元过电流	检查输出电缆和电动机的绝缘性，查看是否有接地故障 V/F 控制电动机和功率模块的额定电流之间的配套性 电源电压是否有大的波动 功率电缆的连接 功率电缆是否短路或有接地故障 功率电缆的长度 更换功率模块
F30002	直流母线过电压	提高减速时间 P1121 设置圆弧时间（P1130、P1136） 激活 Vdc 电压控制器（P1240、P1280） 检查主电源电压 检查电源相位
F30003	直流母线欠电压	检查主电源电压 激活动态缓冲（P1240、P1280）
F30004	变频器过热	检查变频器风扇是否工作 检查环境温度是否在规定范围内 检查电动机是否过载 降低脉冲频率
F30005	I2T 变频器过载	检查电动机，功率模块的额定电流 检查电动机数据输入是否和实际匹配 降低电流极限 P0640 V/F 特性曲线，降低 P1341
F30011	主电源缺相	检查变频器的进线熔断器 检查电动机电源线
F30015	电动机电源线缺相	检查电动机电源线 提高加速时间，减速时间
F30021	接地	检查功率线路连接 检查电动机 检查电流互感器 检查抱闸电缆和接触情况
F30027	直流母线预充电时间监控响应	检查输入端子上的主输入电压 检查主电源电压的设置

（续）

代　码	原　因	解决办法
F30035	进风温度过高	检查风扇是否运行 检查滤网
F30036	内部过热	检查环境温度是否在允许的范围内 检查电动机重量输入是否准确
F30037	整流器温度过高	参见 F30035 的解决办法，另外还有： 检查电动机负载 检查电源相位
A30049	内部风扇损坏	检查内部风扇，必要时更换风扇
A30920	温度传感器异常	检查传感器是否正确连接

6.3.2　变频器的日常维护

随着智能制造业的快速发展，G120 变频器已经得到非常广泛的使用，可靠性也越来越高。但是如果使用不当，操作有误，维护不及时，变频器也会发生异常及故障。因此，G120 变频器的日常维护与检修工作尤为重要。

1. 注意事项

操作人员必须熟悉变频器的基本工作原理、功能特点，具有电工操作基本知识。在对变频器检查及保养之前，必须在设备总电源全部切断，并且在变频器灯熄灭的情况下进行。

2. 日常检查事项

在变频器上电之前应先检查周围环境的温度及湿度，温度过高时会导致变频器过热报警，严重的则会直接导致变频器功率器件损坏、电路短路；空气过于潮湿会导致变频器内部直接短路。变频器运行时要注意其冷却系统是否正常，例如：风道排风是否流畅，风机是否有异常声音。一般防护等级比较高的变频器如 IP20 以上的变频器可直接敞开安装，IP20 以下的变频器一般应是柜式安装，所以变频柜散热效果将直接影响变频器的正常运行。

3. 定期保养

清扫空气过滤器冷却风道及内部灰尘。检查螺钉、螺栓以及插件等是否松动，输入输出电抗器的对地及相间电阻是否有短路现象，正常应为几十兆欧。导体及绝缘体是否有腐蚀现象，如有，要及时用酒精擦拭干净。如条件允许的情况下，要用示波器测量开关电源输出各路电压的平稳性，如：5 V、12 V、15 V、24 V 等电压。测量驱动电路各路波形的方波是否有畸变。U、V 和 W 相间波形是否为正弦波。接触器的触点是否有打火痕迹，严重的要更换同型号或大于原容量的新品；确认控制电压的正确性，进行顺序保护动作试验；确认保护显示回路无异常；确认变频器在单独运行时输出电压的平衡度。建议定期检查，应一年进行一次。

4. 备件的更换

变频器由多种部件组成，其中一些部件经长期工作后会老化，其性能会逐渐降低、这也是变频器发生故障的主要原因，为了保证设备长期的正常运转，下列器件应定期更换：

（1）冷却风扇

变频器的功率模块是发热最严重的器件，其连续工作所产生的热量必须及时排出，一般风扇的寿命大约为 10~40 kh。按变频器连续运行折算为 2~3 年就要更换一次风扇，直接冷却风扇有二线和三线之分，二线风扇其中一线为正极，另一线为负极，更换时不要接错；三线风扇除了正、负极外还有一根检测线，更换时千万注意，否则会引起变频器过热报警。交流风扇电压一般有 220 V、380 V 之分，更换时电压等级不要搞错。

（2）滤波电容

中间电路滤波电容，又称电解电容，其主要作用就是平滑直流电压，吸收直流中的低频谐波，它的连续工作产生的热量加上变频器本身产生的热量都会加快其电解液的干涸，直接影响其容量的大小。正常情况下电容的使用寿命为 5 年。建议每年至少定期检查电容容量一次，一般其容量减少 20% 以上就需要更换了。

6.4 习题与思考

1. 在变频器主电路中，断路器的作用是什么？

2. 在变频器主电路中，断路器额定电流值的选取按估算公式取变频器额定电流值的多少倍？

3. 在变频器主电路中，熔断器额定电流值的选取按估算公式取变频器额定电流值的多少倍？

4. 在变频器主电路中，接触器的作用是什么？

5. 在变频器主电路中，输入和输出侧接触器额定电流值的选取为变频器额定电流值的多少倍？

6. 在哪些场合，变频器的输出侧必须接入接触器？

7. PID 调节的原理是什么？

8. PID 控制有哪些特点？

9. 简述 S7-1200 PLC 中 PID 指令组态的过程？

10. 变频器的日常维护包括哪些内容？

参 考 文 献

［1］侍寿永. 西门子 S7-1200 PLC 编程及应用教程［M］. 2 版. 北京：机械工业出版社，2021.

［2］侍寿永，夏玉红. 电气控制与 PLC 应用技术：S7-1200［M］. 北京：机械工业出版社，2022.

［3］侍寿永，夏玉红. 西门子 S7-200 SMART PLC 编程及应用教程［M］. 2 版. 北京：机械工业出版社，2022.

［4］侍寿永. S7-200 PLC 技术及应用［M］. 北京：机械工业出版社，2020.

［5］周奎，王玲，吴会琴. 变频器技术及综合应用［M］. 北京：机械工业出版社，2021.

［6］向晓汉，唐克彬. 西门子 SINAMICS G120/S120 变频器技术与应用［M］. 北京：机械工业出版社，2020.

［7］张忠权. SINAMICS G120 变频控制系统实用手册［M］. 北京：机械工业出版社，2016.